横田 明 著

200の図とイラストで学ぶ

現場で解決！

射出成形の不良対策

JN151799

日刊工業新聞社

はじめに

射出成形は、溶かしたプラスチックを型に押し込んで冷やして固める、という原始的な成形方法である。当初は、万力で金型を締め、手動のテコ式で溶かした合成樹脂を金型に押し込むという単純な形であった。その後、機械自体は複雑になり、油圧駆動、電子制御などから、電動サーボモータ駆動などと変遷はあったにせよ、その成形原理は、射出成形が始まって以来変わっていないのである。成形は効率化され、いろいろな成形不良現象も解明されてきた。しかし、人工知能が発達してきた時代とは言え、まだまだ、射出成形の不良対策は非効率的なところが多いのも現実である。

射出成形は、製品設計、成形機、金型、樹脂、成形技術など、いろいろなところに不良の原因がある。病気に例えるとすれば、総合的な判断が必要な病気に対して、内科医、外科医、放射線科医など、それぞれの分野の医師だけでは対処できないものも多いのが厄介なところである。それらの事前対処についても、筆者もいくつかの書で説明してきているが、それでも、実際の現場では、さまざまな成形不良が発生し、現場を悩ませている。

金型が出来上がるまでには時間がかかり、出来上がって最初の試射から量産開始までには時間がないことも多い。最初の試射自体にも時間的な余裕がないケースもあり、問題を抱えたまま量産工場に金型が移管されることもある。問題の原因が金型自体にあることが明確な場合は、その対策を講じたあとで移管されるが、問題の原因が金型の問題と限定されるわけでなく、材料にありそうな場合や機械の違いが原因でありそうなときは、とりあえず量産工場に金型を移管して、その量産工場で成形してみる……ということも多い。しかし、金型を量産工場に移管しても問題は解決されず、納期などの時間にも追われてどうしようもなくなることさえ時々ある。

そこで、現場対策の観点で成形不良をまとめてみることにしたのが、この書である。その内容とは、現場その場だけで対策を行って解決する場合が全てではない。場合によっては、原因対策に機械か金型の改造が必要な場合もあるが、その対策案は確実な対策ができるものでなければならない。そのためには、解決に時間を必要とするものは、原因を明確にして、結果を出せる具体案を提案するということである。いずれにしても、発生した問題の原因が明確になれば、解決への方法にもいろいろあることが理解してもらえるであろう。

電話会議やメール等々でやりとりして連絡を取り合うことで何とか遠隔で対策ができればいいのだが、これが実際には非常に難しい。結果に至るまでの道筋は、複雑な迷路をかいくぐって出口に到達するような状況に似ているかも知れない。

日本企業も海外工場で生産したり、海外の外注先を使ったりすることも多くなっている。過去には日本の得意芸であった金型も、海外で作ることも普通となった。我が国では、すでに全電動式の射出成形機が一般に使われるようになって久しいが、海外では、まだまだ油圧の機械が多い。日本の技術者が、電動式の成形機の使い方しかわからないのでは、現地指導はできない。

電動式をデジタルと考えれば、油圧はアナログ的な要素が多い。この観点から、本書では油圧式を中心に説明している。

本書が、いろいろな成形不良原因追及の鍵となり、対策結果につながることを期待する。

本書の使い方

本書では、なるべく、図とそれに付けられている説明を見るだけでも、概要が理解しやすいように記したつもりである。成形不良は、大まかに分類された名称だけでは当てはまらないことも多い。例えば、フローマークにもヒケにもいろいろなタイプのものがあるので、その対策は多種多様になる。現場の実際の不良に合わせた対策でなければ効果は期待できない。

そこで、自分たちの成形不良現象とその対策などを見つけようとするとき、ざっと本書を開いて、気になる図を見つけたら、その図に付いている説明を読み、さらに詳細を知りたい場合には、本文の該当文章を読んでもらえばいいように配慮した。成形現場で是非とも活用してもらえることを願っている。

横田　明

目　次

はじめに　i

第1章　射出成形機と成形条件

1.1　射出成形技術　2

1.1.1　成形技術を知らない技術者と過信の現場作業者　3

1.1.2　射出成形機制御盤　5

1.2　機械の違いによる基本的換算　7

1.2.1　スクリュー径とスクリュー位置設定　8

1.2.2　射出圧力・保圧の設定　9

1.2.3　射出率と射出速度の設定　10

1.2.4　シリンダ温度、計量位置、スクリュー背圧可塑化条件の設定　12

1.3　成形条件の微調整　14

1.3.1　スクリューの設定位置　14

1.3.2　射出圧力、保圧の設定　17

1.3.3　射出率と射出速度の設定　19

1.3.4　シリンダ温度、計量位置、スクリュー背圧可塑化条件の設定　21

1.4　成形面での問題　21

1.4.1　圧力損失の違い　22

1.4.2　圧力と速度　22

1.5　新しい機械購入時のチェックポイント　27

第2章　バリ

2.1　CAEでは出ないはずのバリ　30

2.1.1　基本的対策案　30

2.2 金型問題による現場バリ対策 45
2.2.1 合わせの悪い金型でのバリ対策 45
2.2.2 ランナー部のバリ 51
2.3 金型剛性問題によるバリ 52

第3章 ショートショット

3.1 流動長とショートショット 56
3.1.1 圧力と流動長 56
3.1.2 温度と流動長 56
3.2 いろいろなショートショット 58
3.2.1 肉厚差のある成形品 58
3.2.2 シャープエッジな角部 64
3.2.3 ゲート詰まりによるショートショット 66
3.2.4 穴部のショートショット 67
3.2.5 ガス逃げ不良によるショートショット 68

第4章 ヒケとボイド

4.1 ヒケとボイドの違い 76
4.1.1 ヒケとボイドの基本対策 77
4.1.2 ヒケの深さと見え方 78
4.2 いろいろなヒケ・ボイドの対策方法 81
4.2.1 ヒケの発生する方向の制御 —その1— 81
4.2.2 ボイドで隠す方法 85
4.2.3 ヒケの発生する方向の制御 —その2— 86
4.2.4 ヒケの発生する方向の制御 —その3— 90
4.2.5 形状によるヒケ対策 91
4.2.6 ヒケと間違える不良 92

第5章　反り・変形

5.1　反り・変形原因の基礎　96
5.1.1　温度差による板の反り　96
5.1.2　圧力差による板の反り　99
5.1.3　肉厚差による板の反り　102
5.1.4　肉厚差のある成形品の反りと圧力　105

5.2　反り・変形の類別　106
5.2.1　箱の上反り、下反り　106
5.2.2　箱の内反り　108

5.3　反り・変形の時間的変化　111

5.4　反りの矯正の問題　111

第6章　成形品の寸法問題

6.1　金型製作に向けた収縮率の設定　116
6.1.1　収縮率のいろいろ　116
6.1.2　金型設計用収縮率の決定　121

6.2　寸法と成形条件の調整　122
6.2.1　複数寸法と成形品重量　122
6.2.2　寸法の経時変化　126

第7章　ウエルドライン

7.1　事前予測と実際との違いの対策　133

7.2　各種ウエルドライン対策　139
7.2.1　ウエルドラインを薄くする対策　139
7.2.2　配向によるウエルドライン部の見え方と対策　140
7.2.3　光沢調整で見えにくくする方法　143

第8章　フローマーク

8.1　溝状フローマーク　146

8.2　流動時樹脂ずれフローマークと同期揺れフローマーク　150

8.3　首振り流動によるフローマーク　153

第9章　銀条・黒条

9.1　乾燥の必要な樹脂の乾燥不足による水蒸気　160

9.2　滞留加熱による樹脂分解　161

9.3　金型が空気を巻き込む場合　161

9.4　サックバックによる空気吸い込み　163

9.5　成形機のスクリューが巻き込んだ気体　166

第10章　多点バルブゲート問題

10.1　バルブゲートの利点　174

10.2　バルブゲートでの成形条件の調整　176

10.2.1　新しいゲートを開いた場合の圧力状況　176

10.2.2　射出速度を速くした場合　178

10.2.3　バルブゲートを開くタイミング　179

10.2.4　サイドゲートを使ったバルブゲート　182

第11章　シボ問題

11.1　シボの「てかり」と「曇り」　186

11.2　シボのカジリ　188
11.2.1　再転写カジリ　188
11.2.2　肉厚方向収縮違いによるカジリ　190

第12章　糸引き

12.1　ノズル部温度と切れ具合　194
12.2　ノズル前後進タイミング　197
12.3　ニードルノズルの糸引き　199

あとがき　201
主な参考文献　202
索引　203

第1章
射出成形機と成形条件

成形の現場と言えば、射出成形機に取り付けた金型に樹脂を射出する場所である。各種成形不良の具体的対策については後述するが、射出成形機の条件設定が成形品の品質の良否を左右し、金型の出来具合の判断にも影響を与える。銀条など現場での状況を判断するには、まずは、機械の条件設定がどのようになっているのかを知ることが重要である。射出成形機と成形条件の関係を理解するために、この章では、2台の成形機で同じ成形条件にするにはどのようなことが必要かを考えてみよう。

1.1　射出成形技術

射出成形は基本的には、溶かしたプラスチックを型に押し込んで冷やして固めるというだけの非常に簡単な成形方法である。成形品の複雑さによって、金型の設計が非常に高度で複雑になることは素人にもわかりやすい。その成

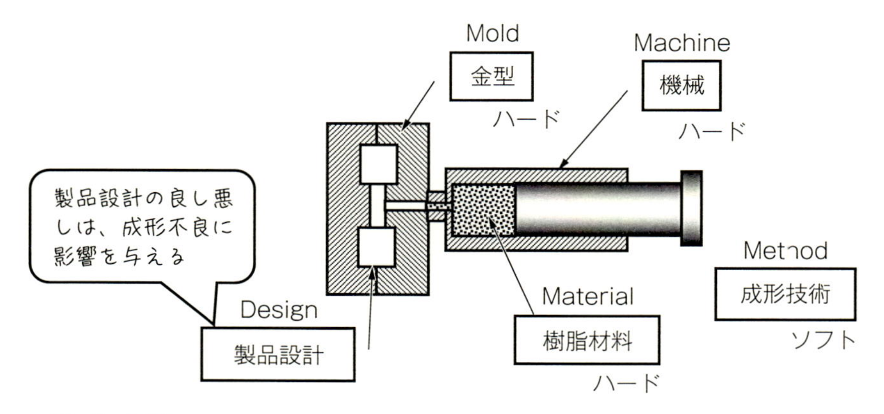

Point!!

射出成形の基本は、金型に溶融樹脂を押し込んで、冷やして固めて取り出すという原始的なもの。金型、機械、樹脂材料の3つのハードと、成形技術のソフトだが、いい成形のためには、製品設計も重要なポイント。それぞれの専門家はいるが、成形不良を総合的に理解して実際の現場で対応できる人は非常に少ない。

図1.1　射出成形

形によって、いろいろな不良が生じると、その問題も、溶融樹脂を流す速度や圧力を変更することで対策できることも多い。

射出成形の基本は、機械と金型と樹脂材料である。そして、それを使って条件を設定して良好な成形品を作る成形技術がある。射出成形機、金型、樹脂材料はハードであり、成形技術は一種、料理の腕、レース車の運転技術のようなソフトである（**図 1.1**）。

最近は、医療の世界でも分野が細分化、専門化が進み、病気を総合的にみることのできる医者が少ないことが危惧され、いろいろな対応策が考慮されてきている。成形技術も、成形不良という病気を治す医者と同じと考えると、機械、金型、樹脂などの個々の専門家の観点からだけではなく、幅広い総合的な視野でもって対応することが重要である。

1.1.1 成形技術を知らない技術者と過信の現場作業者

ここで製品設計や金型の技術者、研究開発や生産技術の技術者（エンジニア）と、成形現場で成形機を操作して成形条件の調整を行う作業者（オペレーター）について考えてみましょう。

成形不良が発生したときに、現場で入力（条件）を変更して出力（結果）を観察することで原因を推測することは、射出成形に限らず、他の技術分野でも通常なされている。その入力と出力との関係は、これまで多くの先輩達の経験や観察からすでに明らかになっていることも多いので、過去の経験や情報に照らし合わせて原因と対策を推測する。ただし、その入力である条件設定を現場に任せていると、自分が頭で考えているような入力でないことが結構多い。思い込んでいた入力条件設定が異なっていると、その出力である結果との因果関係を正確に判断することはできない。成形条件設定を現場任せにしていると多くのことが見えないままになってしまうのである。

当然基礎からきちんと教育されているところもあるにはあるが、機械がどのような設定をされているのか理解できている技術者が非常に少ないのではないかと思われる。反対に成形現場では、数年程度の経験で、自分は射出成形技術が非常に上手いと勘違いしている人も非常に多く見かける。スポーツを始めて少し上手くなると、相当上手くなったと自分を過信している人がいるが、射出成形現場オペレーターの過信のレベルはそんな程度ではない。これは、成形が現場任せとなっているので、現場で多少機械操作ができるようになると、その作業者達に頼りきりになってしまい、彼らを「できる」と勘違いさせてしまうのだ。

逆に、成形技術者があまりに機械と成形条件の関係を知ろうとしないために、現場任せになってしまっているとも言える。また、研究開発や設計の技術者が現場に慣れていないために、現場で機械設定条件を詳しく知ろうとすることを怖がっているようにも思える。

現場ではとにかく金型に溶かした樹脂が入ればいいという思いがあるからか、現場作業者も、これについてはあまり気にしていないことが多い。温度は、シリンダの設定値で℃であるので、機械が変わっても同じ。速度に関しては、何秒で入れ込むかという射出時間があるので大体合わせることはできる。しかし圧力に関しては、バリが出ない程度の感覚だけのようで、絶対値がどの程度であるかは気にしないのである。現場教育が不十分な結果なのだが、経営者や管理職はこれに気が付いていない。

金型メーカで新しく作った金型を、自社に持ち込んで成形トライをする場合や、社内の機械別の仕事量の都合などで、使用する成形機を変更しなければならなくなった場合などに、これまでの成形条件が出せなくなるようなことがある。この原因は金型側から見て、溶融樹脂の入り込む状況が微妙に違っていることにある。ここでは、その原因を細かくみてみよう。

本書では、2台の成形機の成形条件を合わせるために注意すべき点として説明を進めているが、これを通して、射出成形機の基本を習得して欲しい。このあたりを理解することで、今後自社で購入しようとする射出成形機はどうあるべきか、どのように調整されているべきなのかも見えてくるはずだ。射出成形機メーカ任せで調整された機械を購入するだけでは、他の競合他社に差を付けていくことはできない。

ちょっと解説

海外の場合には、工場で機械を扱うことのできる作業者が決められており、その他の技術者は現場で機械を触ることは許可されていないこともある。これは、安全上の問題からだけではなく、業務分担が明確にされており、他人の仕事の範疇に入り込んで、その人達の仕事を奪うことが問題となることもあるからだ。その場合であっても、機械の設定を見て、口頭で設定変更依頼をすることは問題にはならないはずである。

1.1.2　射出成形機制御盤

図 1.2 には、いろいろな射出成形機の制御盤の例を示す。機械メーカによって、この制御盤に違いはあり、同じ機械メーカであっても、シリーズが違うと違った表情をしている。射出成形を現場任せにしてきている人達には、見ただけで複雑で近寄りがたいと思うかも知れない。国が異なると使用言語も違ってくるのでなおさらである。しかし、自動車やパソコンなどと同じように、基本的な操作は同じなので、慣れるとその違いは大きな問題ではない。

制御盤の入力箇所が多く複雑に見えるが、全体像をつかめば全く難しいことではない。重要なことは、金型に溶融樹脂を押し込んでいくときの速度と圧力、温度の関係である。実際の操作は現場の機械を操作する担当者に任せればいいことだが、何をどう変えたのか、なぜ変えたのか……は技術者も理解できるようになることが重要だ。理解できれば、その後の条件変更をオペ

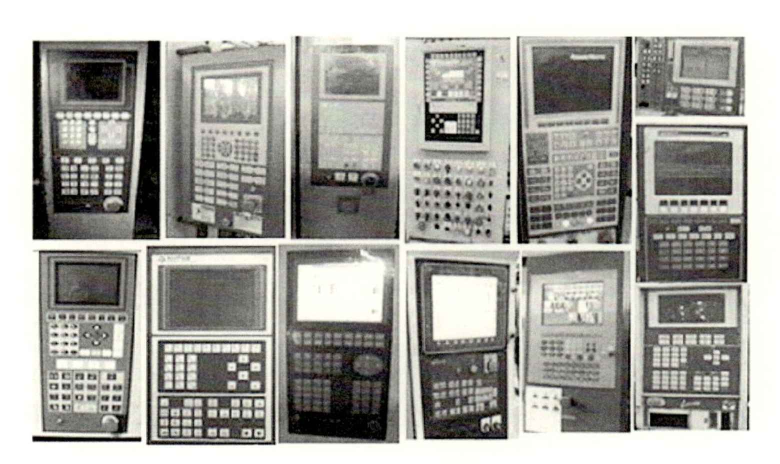

Point!!

射出成形の制御盤の顔は、メーカやシリーズなどによっても異なるが、基本的な操作方法は同じ。これらの顔が変わっただけで怖れをなす人達もいるが、普通の自動車の運転と同じで難しいことではない。

図 1.2　いろいろな射出成形の制御盤

レーターに伝え、操作状況もチェックしながら結果を観察すればよい。そのあたりが理解できるようになるときには、以前と違っていろいろなことが見えるようになっているはずである。オペレーターは、圧力と速度などの基本を理解できていないことが多いので、自分の思っているような条件設定となっていないことに気が付かされることもあるだろう。

もうすでに昔話になるが、圧力と速度問題は学会でも取り上げられたり、

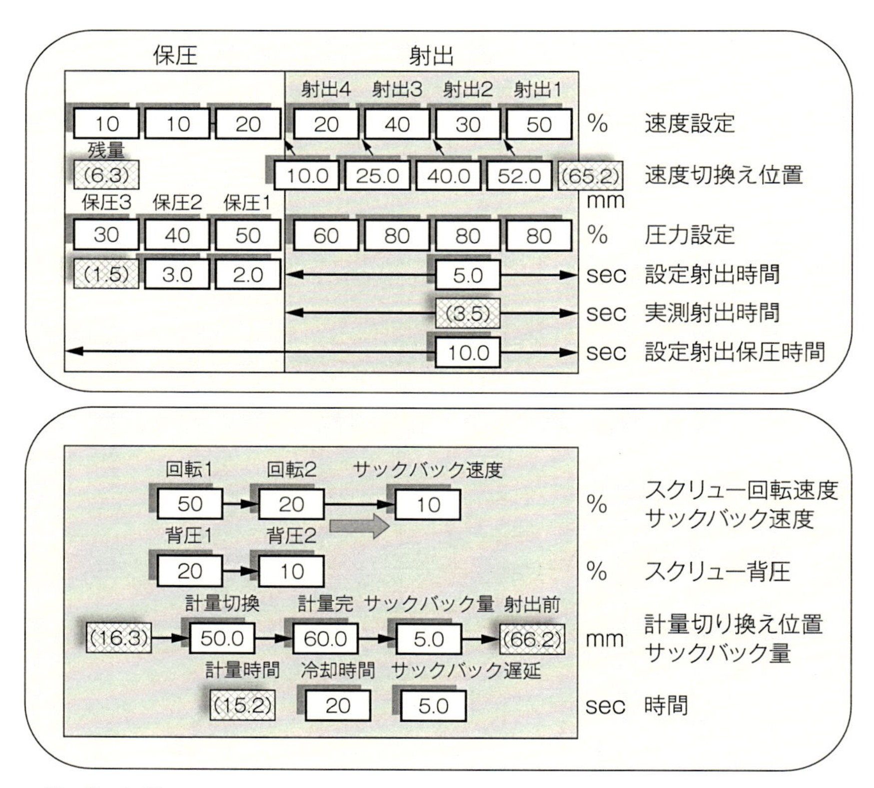

Point!!

上図は射出保圧工程、下図は樹脂を可塑化計量する画面設定である。機械によってはいくつかの機能が付いていなかったり、追加の機能が付いているものもあるが、基本的なものとして考えて欲しい。

図 1.3　射出制御部の例

特殊な機械まで販売されたりもしたのである。圧力と速度の関係は、理解できれば非常に当たり前のことなのだが、意外とわかっているようで理解されていない。

現場にあまり口を出していると、現場オペレーターはあなたに「できるものなら自分でやってみてくれ」との態度に出るかも知れない。彼らにも、どうすればいいのかわからなくなってくるので、対処のしようがないのだ。そこで、現場に、機械の画面設定と条件を変えるとどうなるかなどを質問しながら、一緒に進行すれば現場も実体験しながらのOJTになるので一石二鳥である。結果が出てくると彼らもあなたを信用するようになるはずだ。

この書では、簡略化した**図1.3**のような制御盤でイメージしてもらいたい。基本的なところさえ理解できれば簡単である。

1.2　機械の違いによる基本的換算

ここでは、ある工場で、これまで、ある成形品を型締め力150トンの成形機Aで生産していたとする。しかし、急遽、この機械で他の成形品のトライを行う必要があり、金型を、型締め力200トンの成形機Bに移して生産する必要が出てきたとしよう。この場合、同じ製品品質を確保するには、どのような成形条件にすればいいだろうか？

機械単体で考えるよりも、2台の関係で考えた方が、機差（機械間の違い）についても理解が深まる。また、機差のある機械で、どのようにして同じような成形条件を調整すべきかもわかってくると思う。

まず、型締め力は同じ数値（トン数）に設定されているとして、射出側の違いについて考えてみよう。実際には、型盤の剛性なども影響することもあるが、これについては、条件設定とは異なる問題であるので、ここでは触れない。バリの金型合わせ問題（P37）で、この違いを少し説明するにとどめる。

図1.4に機械Aと機械Bとの、射出側の違いを比較している。

まずは、機械設計面の基本的なところから違いをみよう。

すでに、我が国では、全電動の機械が主流となっているが、海外では日本ほど電動化が進んでいるとは限らない。成形業自体も海外に進出しているこ

入力	単位	成形機 A	成形機 B
機械タイプ	—	KA150	AY200
機械メーカ	—	ARIKA	KOYO
型締め力	ton	150	200
スクリュー径	mm	42	50
最大射出圧力	kgf/cm^2	1320	1420
最大油圧設定圧力	kgf/cm^2	155	140
最大射出容積	cm^3	182	323
最大射出率	cm^3/sec	102	135

入力からの計算

最大射出ストローク	mm	131	165
ストローク/スクリュー径	—	3.1	3.3
最大スクリュー速度	mm/sec	74	69
スクリュー断面積	mm^2	1385	1963

Point!!

同じ金型を、異なる機械で成形する場合、同じ成形条件にするためには、機械仕様の違いを理解して、条件調整する必要がある。

図 1.4　機械 A と機械 B の仕様差

とが多くなっており、電動成形機の場合しかわからないでは通用しないことは「はじめに」でも述べた。ここでは、油圧機の例で説明を進めるが、理屈さえわかれば、基本的には、どちらも同じである。

1.2.1　スクリュー径とスクリュー位置設定

スクリュー径が異なると、スクリュー断面積が違ってくるので、ストロークの違いは容積に直接関係する。成形機 A のスクリュー径は 42 mm、成形機 B のスクリュー径は 50 mm としよう。スクリュー断面積は、直径の 2 乗に比例するので、42 mm スクリューから 50 mm スクリューへのストロークの換算は、$(42/50)^2 = 0.7056$ となり、約 0.71 倍すればよい。

1.2.2 射出圧力・保圧の設定

射出圧力や保圧は、金型内に溶融樹脂を押し込んでヒケや寸法などの調整を行うので重要なポイントである。速度と圧力に関しては後ほど説明するが、射出圧力は速度に、保圧は金型への充填量に影響を与える。ここで言う圧力とは、金型に接続されているノズルの部分の樹脂圧力である。この基礎的なところさえ理解していない技術者や現場技能者も少なくないので、換算には十分注意が必要だ。ノズル部の樹脂圧力は、**図 1.5** のように、スクリューを押す力を、スクリューの断面積で割った値である。樹脂圧力は、スクリューを押す力が同じ力である場合には、スクリュー径が大きくなるほど、面積に反比例（直径の 2 乗に反比例）して小さくなる。

図 1.6 には、参考として、射出用の油圧シリンダの使い方の違いを示しており、射出力は射出の油圧シリンダの直径だけの関係とも言えず、受圧面積の関係であることを説明している。ただ、通常機械を使用する場合は、これを意識する必要はない。

ここで、同じ油圧の場合と書いたが、油圧の最大設定圧力は、機械によって異なる。機械仕様としては、「射出圧力」が「樹脂圧」を示し、「油圧」は

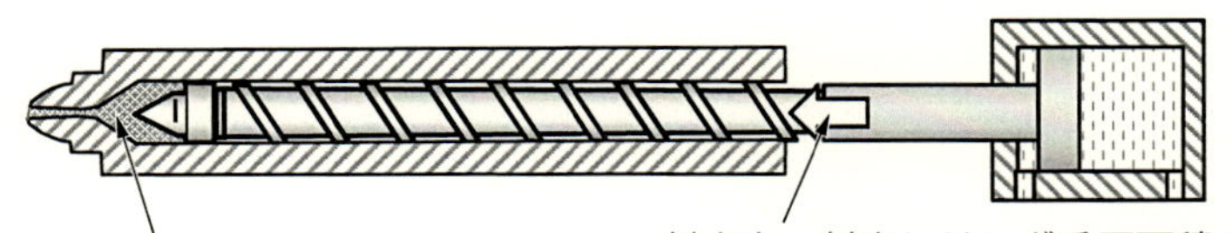

Point!!

樹脂圧力は射出圧力、ゲージ圧力とは油圧の圧力のことである。似たような言葉が使われているので混乱しやすいが、溶融樹脂が入る金型側にとっては、溶融樹脂の状態が大切である。圧力とは、単位面積あたりの力であり、力を面積で割った値である。

図 1.5 樹脂圧力とゲージ圧力（油圧）

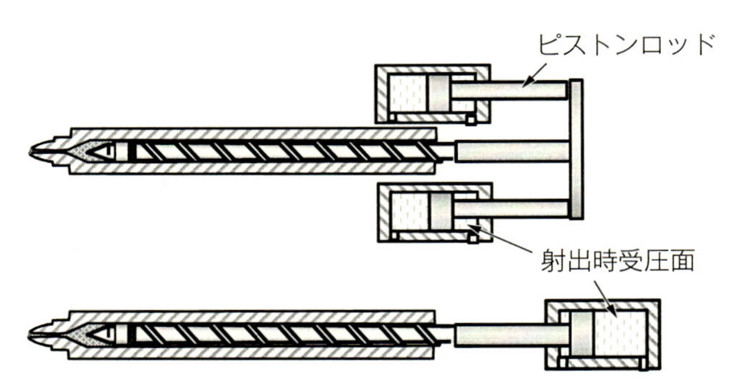

Point!!

この２つの図は、油圧の射出シリンダの向きが違っている。射出用の油圧シリンダの位置関係で、上図の場合には、下図の場合に比較して機械全長が短くなる利点があるが、射出時の油圧の受圧面積がピストンロッド分小さくなる方向で使用し、力のバランス面から油圧シリンダが２本となっている。機械には射出圧力が記述してあるので、これらの関係を意識する必要はないが、このようなケースもあることも覚えておこう。

図 1.6　射出シリンダ（油圧）の位置関係

「ゲージ圧力」と呼ばれることが多い。機械の最大射出圧力は、その機械の最大ゲージ圧力の場合の、最大樹脂圧力のことである。すなわち、射出装置が同一でも、スクリュー径が異なると、最大射出圧力も違ってくる。

射出圧力や保圧の条件を質問すると、このゲージ圧力を返答されることが多い。その場合、樹脂圧力とゲージ圧力の関係を理解されていないことがほとんどのケースであるので、この点も注意点の１つである。

図 1.7 にこの関係を示す。機械とスクリューとの最大射出圧力の比として計算する。例えば、機械 A の最大射出圧力が 1320 kgf/cm^2 であり、機械 B のそれが 1420 kgf/cm^2 である場合には、パーセント設定を 1320/1420＝0.93 倍することになる。ここで、もうひとつ注意すべきは、パーセント設定と油圧ゲージ圧の関係であるが、これは後述する。

1.2.3　射出率と射出速度の設定

射出速度は、金型に溶融樹脂を押し込む速度になるので、これも成形品の

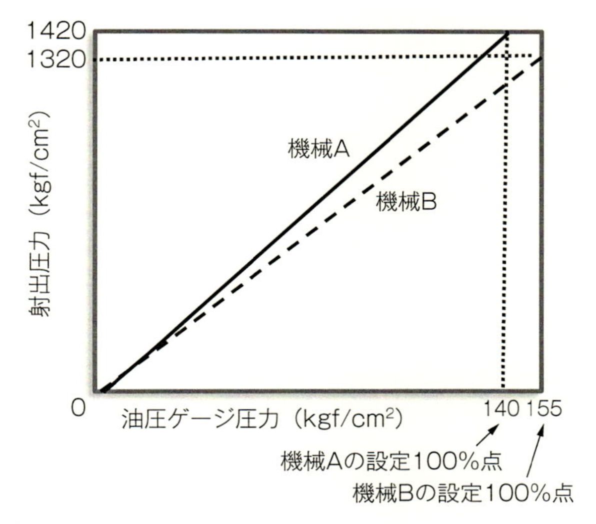

Point!!

射出圧力や保圧を質問すると、よくゲージ圧力を返答する人がいるが、上図でもわかるように、ゲージ圧力が例えば140kgf/cm²と同じであっても、機械Aと機械Bとでは樹脂圧力は異なる。スクリュー径が違っても同様である。常に樹脂圧力である射出圧力を意識することが大切だ。

図 1.7　機械 A と機械 B の射出圧力とゲージ圧力の関係

品質と直結するものであり、特に成形品の表面品質と関係することが多い。

この説明は別途行うが、ここでは、機械の違いがあっても、金型への溶融樹脂の充填速度は、同じような状態にすることを考えよう。すなわち、射出率が同様になる設定の換算を考える。

射出率とは、単位時間あたりに射出する容積のことである。**図 1.8** のような、スクリュー断面積にスクリュー速度を掛けた容積である。このスクリュー速度は、mm/秒で設定できる機械であれば、速度の絶対値がわかるが、油圧機では通常ほとんどがパーセント設定である。このパーセントは、機械とスクリューの最大射出率に対する割合であるので、ここでも、パーセント設定と射出率は正比例の関係にあるとして、最大射出率の比として換算する。

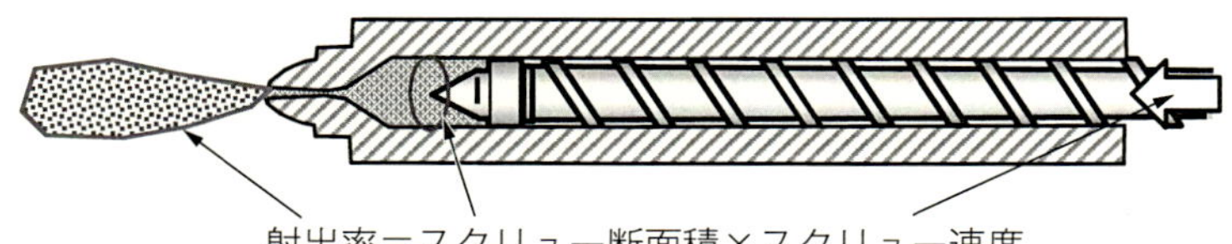

Point!!

射出率は、単位時間（1秒）あたりに射出する容積のことで、スクリュー断面積に速度を掛けたものになる。成形条件では、射出速度の設定ではなく、金型に入る溶融樹脂速度を合わせることが大切である。すなわち、違う機械で成形条件を合わせるには、射出率を合わせることが重要だ。充填する射出時間で合わせてもよい。

図 1.8　射出率

1.2.4　シリンダ温度、計量位置、スクリュー背圧可塑化条件の設定

まずは、シリンダ温度設定は同じような数値にしよう。機械によっては、シリンダの温度調整ゾーン数も異なることもあるが、全長に対して、大体同じような設定にする。スクリューの位置は、スクリュー径を考慮した換算値とし、背圧は樹脂圧力の換算と同様とする。

スクリュー回転数は、計算による換算という訳にはいかないが、実際に可塑化しながら、可塑化時間が従来と同じになるような設定値を探しておく。

射出関係と可塑化計量関係の、機械による違いを考慮して、換算した結果を**図 1.9** に示す。単純に、掛け算、割り算だけの換算である。しかし、このような換算だけで、機械が変わった場合にも、従来と同じ条件の成形品が得られればいいのだが、実際には、同じ品質の成形品が得られるとは限らない。むしろ、品質は違っていることの方が多く、同じような品質を得るためには、微調整が必要である。

成形機 A

保圧				射出							
4	3	2	1	6	5	4	3	2	1		
	25.8	32.3	38.7			51.6	78.7	78.7	78.7	圧力　%	
	10.0	10.0	20.0			20.0	35.0	40.0	50.0	速度　%	計量　mm
						30.0	43.0	55.0	67.0	位置　mm	72.0
	5.0	3.0	5.0	(3.53)						時間 1　秒	
17.0										時間 2　秒	

型締力 150　ton　　V–P 15.0

成形機 B

保圧				射出							
4	3	2	1	6	5	4	3	2	1		
	24.0	30.0	36.0			48.0	73.2	73.2	73.2	圧力　%	
	7.6	7.6	15.1			15.1	26.4	30.2	37.8	速度　%	計量　mm
						21.2	30.3	38.8	47.3	位置　mm	50.8
	5.0	3.0	5.0	(3.53)						時間 1　秒	
17.0										時間 2　秒	

型締力 150　ton　　V–P 10.6

Point!!

単純に機械の仕様差に基づいて、掛け算割り算をしているだけの換算であるが、これさえ理解されていないこともある。V→PとはVelocity（速度）からPressure（圧力）への切換えのことであり、保圧切換点を示す。

図 1.9　機械 A から機械 B への変換

1.3　成形条件の微調整

機械以外の条件、金型温度や温調配管、材料供給などは、全て従来と同じだとする。しかし、先ほどの条件変更だけでは、全く同じ成形条件にはならないことが多い。その理由を、先の順番に沿って考えてみる。これは、例えば、機械の種類が違う場合だけでなく、同じ機械メーカの同じシリーズの機械であっても起こりうることである。

1.3.1　スクリューの設定位置

スクリューの先端には、**図 1.10** のような逆流防止弁が付いている。この逆流防止弁には、単純リング状、爪付きリング、ボール弁式など、いろいろなタイプがある。**図 1.11** には、リング状での動作を示す。実際の成形時には、多少樹脂が漏れながら射出されている。特に、計量を完了した後の状態では、逆流防止弁は閉鎖しておらず、射出の開始に伴って、スクリューが前進しながらリングが閉鎖していく。

この閉鎖速度は、リング前後の圧力差によって行われるので、機械や樹脂

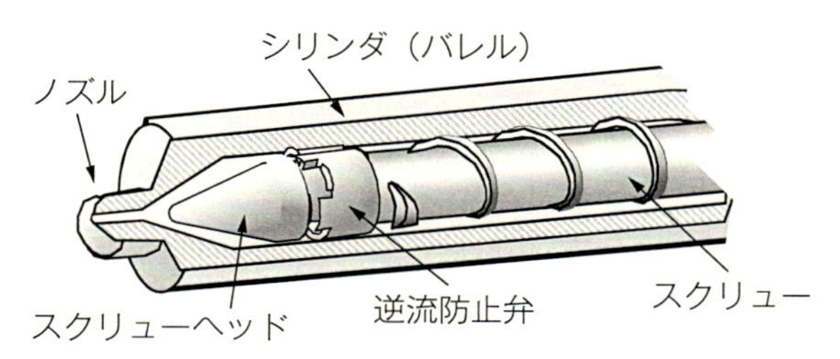

Point!!

射出時に溶融樹脂の漏れを防止するスクリュー先端に付いているもの（逆流防止弁）で、チェックリングとも呼ばれる。リングタイプでなくボール式の弁もある。この部分の機能としては、逆流防止機能のほかに、滞留が少なく、材料替え、色替えも良好であることが求められる。

図 1.10　逆流防止弁

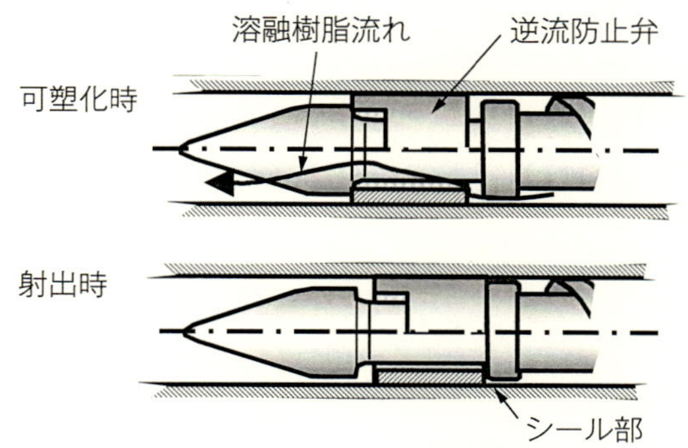

注：図の下半分は断面を示している。

Point!!

可塑化時には弁を開いて溶融樹脂を前に流し、射出時には閉鎖して溶融樹脂の逆流を止める動作をする。
ただし、この閉鎖応答が遅いと射出中にも逆流が発生し成形が不安定の原因となるので、閉鎖性能の迅速性も求められる。

図 1.11　逆流防止リングの動作

によっても違いがある。極端な場合、閉鎖が相当遅れることで逆流が多くなり成形問題となることさえある。ノズルを開放して、射出速度を遅い場合と速い場合とで同じ射出ストロークをパージしたとき、遅い方の射出重量が目立って少ない場合には、この問題を疑う必要がある。

また、長く使っている機械や、ガラス繊維入りなどの摩耗しやすい材料を使っている機械は、逆流防止弁やシリンダ自体も摩耗して、隙間が大きくなっていたりすると逆流が大きくなる。例えば、以前の機械では逆流が大きかったが、新しい機械では逆流が少なくなると、新しい機械では入れ込み過ぎて、オーバーパックになるかもしれない。最初は、この点や安全を考慮して、保圧切換え位置を、換算値より早めに設定するなどの配慮も必要である。

逆流防止弁やシリンダの摩耗のチェック方法を**図 1.12** に示しておく。ノズルを前進させて、ノズル先端から溶融樹脂が漏れないように、金属板や太い木片を強く当ててノズル先端を閉鎖した状態で射出を行う。このとき、溶融樹脂は圧縮されるので、スクリューは前進するが、圧縮され終わるとほぼ停止するはずである。これが前進し続けるなら、逆流していることになる。射出を終了すると、溶融樹脂の圧縮が解放されてスクリューは後ろ方向にス

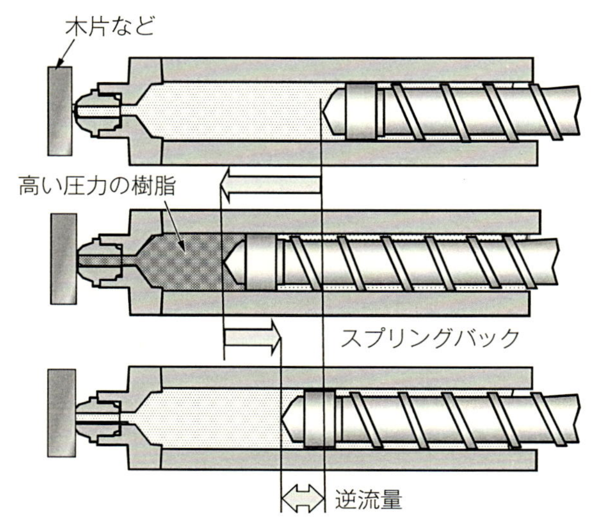

Point!!

逆流防止弁が摩耗していることをチェックする場合、ノズル先端を閉鎖して、射出を行ってみる。中間のスクリューがほぼ停止した状態で、スクリューの移動がまだ大きいと摩耗している可能性がある。
射出を開放すると、スクリューがスプリングバックするが、初期位置とのずれが逆流になる。

図 1.12　逆流量のチェック

プリングバックする。このとき、逆流量は、射出をする前後のスクリュー位置の差から知ることができる。計量ストロークを変えて、同じことをチェックすると、もし、**図 1.13** のように、シリンダの摩耗が原因の場合には、位置によって樹脂漏れ具合が違ってくるので知ることができる。

ちなみに、射出中にチェックリングの閉鎖が遅れて逆流する状況は、ノズルを閉鎖して射出することでは確認はできない。スクリュー先端の圧力が高いとチェックリングでは、閉鎖しやすいからである。逆流が問題となるチェックリングでは、初期高速射出によりスクリュー先端圧力を高めて、リングの閉鎖を早める対策案もあるが、初期高速射出が別の不具合原因となることもある。

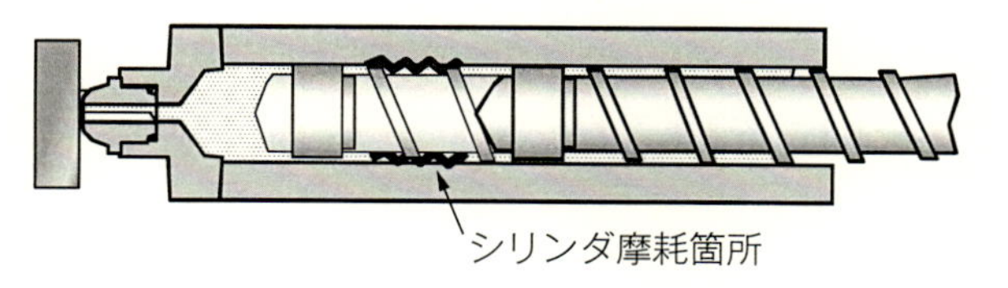

Point!!

シリンダ内壁が摩耗している場合にも、逆流が生じる。この場合、摩耗している場所を逆流防止弁が通過するときに逆流が大きくなるので、スクリュー位置を変えながら逆流状況を確認する。

図 1.13 シリンダ摩耗の確認

1.3.2 射出圧力、保圧の設定

圧力についても、金型に溶融樹脂が入るときの状況を揃えようとしても、単純な換算値だけでは同じような結果にはならない。ここでも考えなくてはならない課題がいくつかある。

(1) 圧力設定と実際

もし、設定値がスクリュー先端部の樹脂圧力で表示されている機械であったとしても、その樹脂圧力は機械装置側からの換算（計算）数値である。途中には、機械的なエネルギー損失もあるので、この点の微調整が必要となる。ましてや、機械の設定がパーセント設定であるなら、その比率と実際の数値との関係がどのようになっているかを確認しておく必要がある。図 1.7 では、ゲージ圧力と射出圧力とが正比例関係とした場合のものであるが、実際には設定％値とゲージ圧力が正比例していない場合が多い。少なくとも、設定値とゲージ圧力との関係は調整して換算する必要がある。

図 1.14 には、圧力設定％と実際の油圧の関係例を示している。この関係は、データを採取しておくことが必要である。しかし、例えば、近似式で近似できるのであれば、数式化しておくと、機械間の設定値換算の変換も容易になるであろう。参考として、多項式近似が合わせやすいが、次数を高くして近似精度を上げても、近似式自体には何も工学的な意味はない。

ここの図では、圧力の単位を Mpa として記したが、機械によっては単位

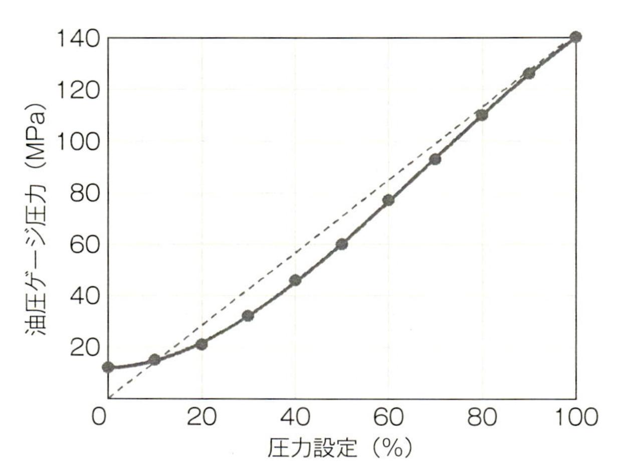

Point!!

特に古い油圧の機械では、圧力設定%と実際のゲージ圧力が正比例していないので、使用機械を変更するときには、この点も注意が必要である。この特性をグラフや数字で保存するか、この線図を3次式などで近似して数式で保存する方法もある。

図 1.14　圧力設定（%）と実際のゲージ圧力の関係

が kgf/cm² のものもある。この違いは物理の単位系の話となるので省略するが、kgf/cm² は MPa の概略 10 倍と覚えよう。単位系についても、機械仕様では、射出容積などは cgs 系の cm³ で表現されているが、スクリュー径などは機械設計の mm が使われることも慣習的に多いので単位系はあえて揃えず、現場の慣習に合わせた。

(2) 圧力の応答性

機械が、どれだけ設定値に沿った動きをしているのかという応答性も、実際に成形に関係してくる問題である。応答性には、圧力と速度の問題があるが、速度のところで説明した方がわかりやすいので後述する（1.4.2 項）。

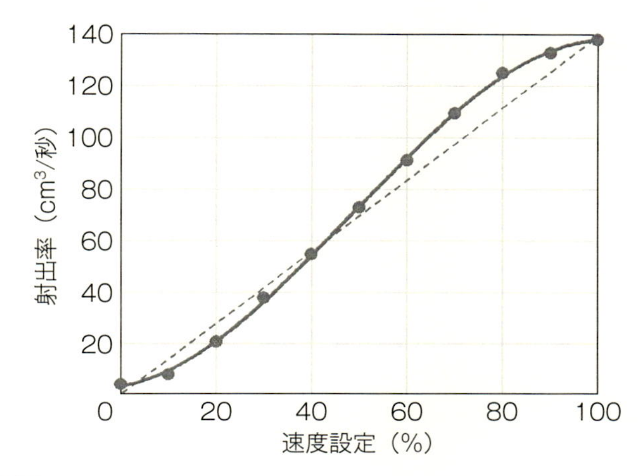

Point!!

古い油圧の機械では、射出速度設定%と実際の射出率が正比例していないので、換算時には、この関係にも注意が必要である。S字カーブ状になっているものも多い。これも3次式などで近似した方が機械間設定の換算がやりやすい。

図 1.15　速度設定（%）と実際の射出率の関係

1.3.3　射出率と射出速度の設定

(1) 速度設定と実際

これは、圧力の問題と同様である。設定値と実際の射出率の関係を求めることが必要である。射出率に関しては、圧力のように、設定値を変えて圧力ゲージでチェックするようには簡単にいかない。射出率はスクリューの作動速度に比例するので、あるストロークのスクリュー移動時間で求める。射出開始から保圧切換え位置までのストロークを射出パージして、表示された射出時間で割ると、その間の平均スクリュー速度が求められる。しかし、これは平均スクリュー速度であり、次頁で説明する立ち上がり応答の部分の時間遅れも含まれている。実際には、立ち上がり後のスクリュー速度が知りたいので、この分、誤差が生じることになる。同じ流量制御弁が、スクリュー回転と射出に使われている機械であれば、設定とスクリュー回転数とのデータを採取して、射出速度との関係に換算することも可能である。

ここでは、スクリュー回転数からスクリュー速度に換算したとしよう。設定100％時の最大射出率を縦軸に書き換える。ここでは、**図1.15**のような設定と実際の関係が求められたとする。この関係は、機械の調整にもよるので、このようなS字型とは限らず機械によって違いはあるが、これらの関係図（表）さえできれば、これも先の圧力のときのような換算をすればよい。

(2) 速度応答性

図1.16には、多段速度での設定と実際のスクリュー速度のイメージを示す。実線は、応答の早い場合であり、点線は応答の遅い場合である。特に、これが、金型への充填状況に影響を与える。保圧切換の応答遅れがある場合、

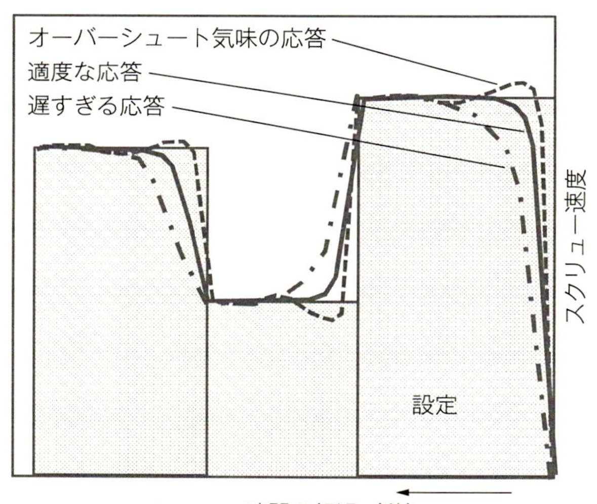

Point!!

機械が異なると、圧力や速度の応答性も違ってくる。この違いが成形条件に影響を与えることもある。新しい機械の購入時には、応答性調整の確認をしておきたい。ちなみに、シリンダ温度の制御にも応答性が関係しているが、これについては後程1.5節で説明する。

図1.16　応答性の違い

保圧切換え点が遅くなったことと同じような影響を与えることが容易に想像できるであろう。保圧切換え位置だけでなく、速度変化は、金型への充填速度にも関係し、成形品の表面状況にも影響を与えるので、この点も考慮が必要だ。

(3) 射出速度と射出時間

射出速度を確認する理由は、金型への充填の時間を揃えることにある。これについては、射出速度、射出率で説明したので複雑そうに思えるが、この確認としては、射出開始から保圧切換えのところまでの、実際の「射出時間」で合わせれば、概略確認できる（「射出時間」は、機械によって呼び方が異なる場合もあるので、注意が必要）。

設定値を換算して調整したあと、計測される射出時間で確認しながら微調整すればよい。

1.3.4 シリンダ温度、計量位置、スクリュー背圧可塑化条件の設定

射出成形では、汎用のスクリューで、いろいろな材料を加工するので、通常はスクリューのことをあまり意識することがない。極端な場合には、成形担当者はスクリューのことについてほとんど知らないことも多い。押出成形では、材料によってスクリュー設計が異なることも普通のことである。すなわち、異なる機械で可塑化条件を合わせるには複雑な問題がある。そのため、これらに関しては、大体のところを合わせて、実際の成形状況を見ながら調整することになる。この可塑化問題に伴う不良対策に関しては、各種成形不良のところで説明するので、ここでは詳細は省略する。

1.4 成形面での問題

機械を変更した場合の、メーカや仕様、制御面の違いを考慮した調整について説明してきたが、ここからは、成形技術、機械操作面で知っておくべき点について説明する。

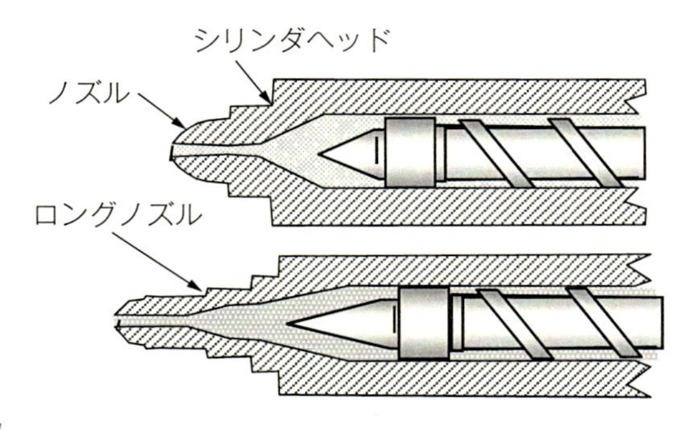

Point!!

機械が異なると、シリンダヘッド先端部や、ノズル内部の形状が異なる。
これは、金型へ樹脂を射出するときの流動抵抗の違いともなる。

図 1.17　シリンダヘッド圧力損失

1.4.1　圧力損失の違い

機械が異なっても、金型との接触部であるノズル径は、金型に合わせてあるはずだ。しかし、機械が違うと、**図 1.17** のように、スクリュー先端のシリンダヘッドとノズル部内部の形状も異なっている。すなわち、溶融樹脂状況が同じであるとしても、この部分を流れる溶融樹脂の流動抵抗が異なることになる。ここでは、わかりやすくするために、ノズルの先端にロータリーの絞りバルブがついているシリンダを**図 1.18** で考えてみよう。この絞り具合が、先の先端の流動抵抗の違いである。同じ樹脂量が外部に出た（射出量が同じ）としても、絞られて抵抗が大きい場合には、シリンダの内部での圧力も高く圧縮されているので、スクリュー位置は前進していなければならない。すなわち、先端部の流動抵抗が違っていると、同じスクリュー切換え位置であったとしても、金型に入る樹脂量には違いがあるのだ。

1.4.2　圧力と速度

次に、流動抵抗の違いが、射出速度にも影響するケースがある。圧力と速度、スクリュー位置はそれぞれ別々に設定できるので、これらは独立してい

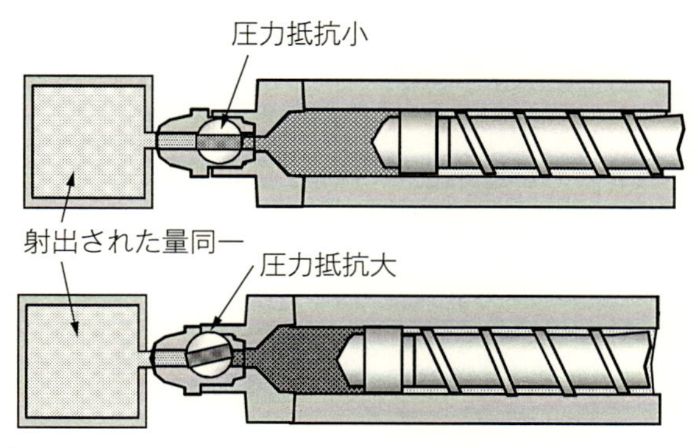

Point!!

機械から金型への途中の圧力抵抗が異なると、同じ体積、同じ重量の樹脂を射出した場合でも、シリンダ内で樹脂が圧縮されている程度が異なるので、スクリュー位置も違ってくる。

図 1.18　圧力抵抗の違いとスクリュー位置

るものと思いがちであるが、先のところで、流動抵抗（圧力）の違いがスクリュー位置に影響することを説明した。ここでは、速度と圧力も、別々に設定しているが、実際の動きは独立しているわけでなく、お互いに影響を与え合っているのだ。この部分が前に述べた圧力と速度の関係が過去誤解されたり理解されていなかったりしたところの問題である。

これをわかりやすいように**図 1.19** に漫画的に示す。ある走者が雪道で最速時速 30 km で走れるとしよう。特に負荷がなければ、この走者は図 1.19①のように、20 km では楽に速度が維持できるであろう。しかし、この走者に雪だるまを押してもらいながら走ってもらうとしよう。雪だるまは、徐々に大きくなってくるとすると、同図②のように、途中から速度は遅くなってしまうはずである。今度は、力のある元気な走者だと、力が有り余っていて、この程度の雪だるまの大きさでも、③のように、何ともなく 20 km で走れるかもしれない。実は、このことは、射出工程における圧力と速度の関係と同じである。**速度を出すには、力も必要であり、力がないと速度も出せない**のだ。

すなわち、**射出率を設定値に保持できるのは、設定圧力が負荷圧力に対し**

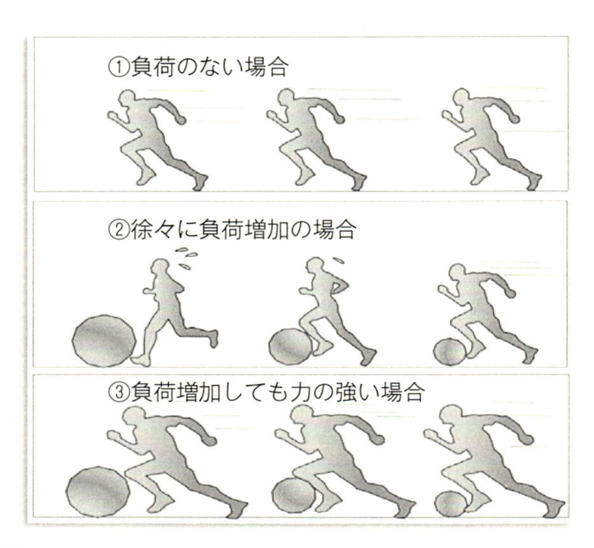

Point!!

余計な負荷のない場合①は、所定速度で走ることができる。
しかし、負荷が増えてくる②と速度も遅くなってしまう。馬力のある走者③の場合には、余裕があれば速度が維持できる。

図 1.19　速度と抵抗の概念

て余裕がある場合なのである。図 1.19 の状況を、**図 1.20** に持てる力と負荷、速度の関係をグラフで示した。

負荷抵抗が圧力設定で頭打ちになると、速度にも影響を与えるのである。圧力が変わるとスクリュー位置の調整が必要なだけでなく、速度も変化することになる。現場で条件調整するとき、成形条件は合わせたつもりでも、実際の充填挙動が異なり、わけがわからなくなってしまうことの原因の 1 つである。

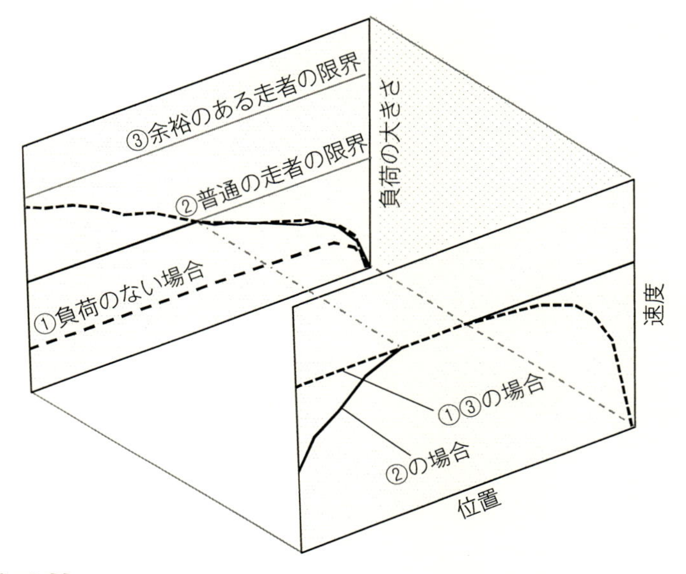

Point!!

図1.19の様子を、負荷と速度とのグラフにしたものである。これは、射出成形の射出速度と圧力の関係と同じものである。

図 1.20　速度と抵抗のグラフ化

ちょっと解説

図 1.20 の斜視図について説明を加えておこう。最近の機械では、実際に射出成形を行っているときの、金型に溶融樹脂を流し込んでいくときのスクリューの動きと、そのときの負荷圧力（抵抗）の状況をグラフで見ることのできるものが増えている。このグラフは実際に成形作業を行っているとき、非常に多くの役立つ情報を我々に与えてくれるものなのだ。機械によっては、このグラフの横軸が時間となっており、**図 1.21** のように、動きも左から右へと動いていくものもある。また、画面の関係上、速度と圧力は同一画面上に表示され、設定値と実測値は色を変えて表示されることも多い（ここでは、これらの違いを線のタイプで表現している）。

しかし、機械が射出するときの実際のスクリューの動きは、右から左である。また条件設定盤の横軸は、射出工程はスクリュー位置、保圧工程は時間である。画面表示も機械と同じ方向であれば、実際に成形作業を行う人間にとって感覚的にもわかりやすい。**図 1.22** には、画面を速度と圧力に分け、横軸は、保圧切換えまでの射出工程はスクリュー位置で、保圧切換え後は時間で表現した例を示した。

スクリーンの大きさの関係から、速度と圧力は同一画面に表示されることも多いが、重ねると複雑になるため、本書では、概念的に実際の動きと合わせて理解しやすいように斜視図を用いて説明する。図 1.20 は、この動きを走者で説明したが、射出工程のスクリューの動きの部分を抜き出したものと考えてもらいたい。

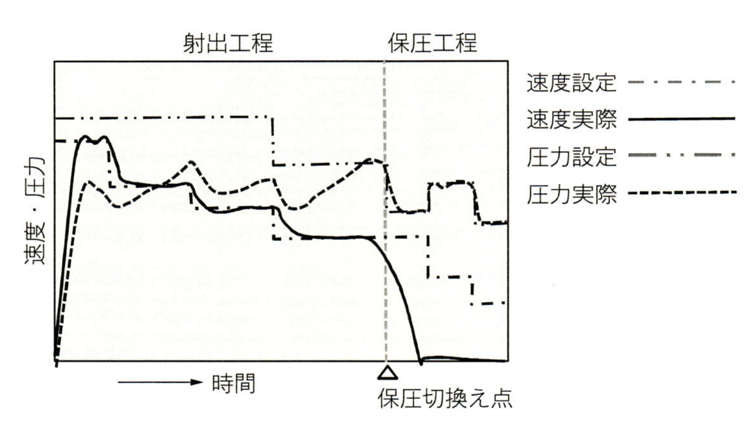

Point!!

射出速度と圧力の設定と実際の負荷挙動を画面で見ることのできる機械が増えているが、横軸が時間で左から右に流れていくタイプもある。この動きの方向は、実際の射出装置のスクリューの動き方向と異なるので、動き方向に注意が必要である。

図 1.21　射出速度・圧力波形画面①

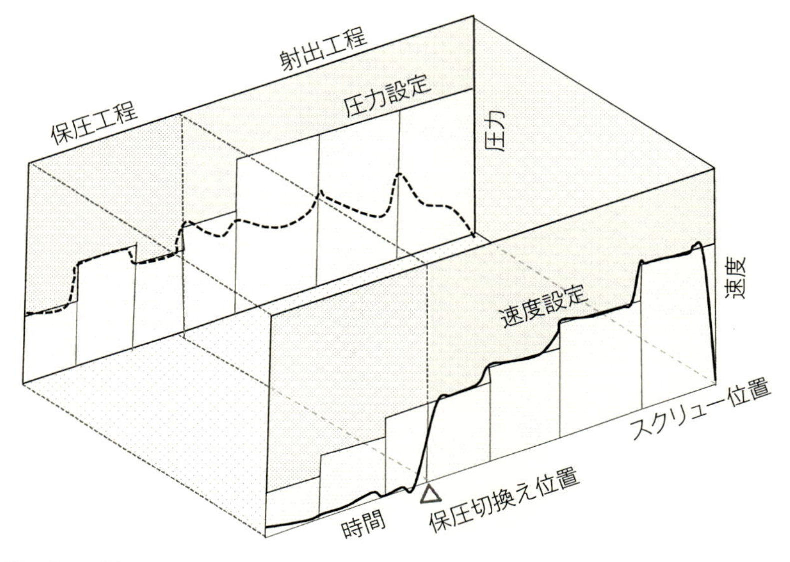

Point!!

実際には横軸に時間やスクリュー位置が1画面に描かれることは少ないが、本書では、圧力と速度の位置、時間軸との関係がわかりやすいように斜視図で表した。
図1.20は、この射出工程の部分での挙動を走者の動きとして説明している。

図 1.22　射出速度・圧力波形画面②

1.5　新しい機械購入時のチェックポイント

これまでの説明でも理解できたと思うが、もし同じ機械を2台購入する場合であっても、2台の設定値と実際とが違っていることがある。応答性については、圧力や速度だけでなく、シリンダ温度の昇温についても同様の問題がある。温度に関しては、特に温度を下げる場合は通常自然冷却になるので、一度上昇してしまうと下がるのには時間がかかる。成形立ち上げ時に、温度がオーバーシュートしてしまうと、成形が安定するまでに長時間を必要とすることにもなりかねない。

また、機械シリーズによっては、機械メーカが機械のマイナーチェンジを行うときの設計変更などで、チェックリングでの逆流度合いも違っていることもあるし、スクリュータイプが変更されていることもあろう。このような微妙な変化や調整の違いが2台の機械での成形結果の差となっていることもある。**機械の技術的検収条件は、現場や購買担当者任せにせず、成形技術者がもっと入り込んで一緒に確認すべき**である。また、これらの違いについても機械が納入される前にデータを採取してチェックしておくべきである。事前に受け入れ仕様を機械メーカと取り交わしておくことも大切だ。

第2章
バリ

ここからは、具体的な成形不良の原因と対策について説明していくが、現場対策と言っても、成形条件の調整や現場で金型を少し修正する程度で対策できるものもあれば、機械や金型を大幅に修正し直す必要がある場合などもある。後者の場合には、時間もかかるので、もし、修正案が間違いであったとすると、時間と費用の無駄になってしまう。修正案を提出する方も、適当な勘によるいい加減な判断では許されない。そのため、確実にその修正をすれば対策が可能であるという確信が持てるデータを採取して周囲を納得させることが重要となる。以降、その場にて成形条件などで対策する現場対策、および、原因を特定して次の対策案へとつなぐ方法を説明する。

バリにも、いろいろな原因で発生するものがあるので、個別に例を挙げて説明して行こう。

2.1 CAEでは出ないはずのバリ

ここでは、金型を製作する前に、すでに流動解析CAEが行われて、最終機械選定も終わっていた状況としよう。実際に金型が出来上がって金型トライを行うと、CAE結果では出ないはずのバリが、計算された型締め力では発生してしまい、型締め力を大幅に増やすと対策できる場合が結構ある。それでも、予定していた機械で型締め力に余裕がある場合は特に問題にはならず、CAEの誤差として終わってしまい話題にもならない。しかし予定していた機械では生産できなくなると、製造現場では重大な問題となる。

なぜ、CAEの計算結果と合わなかったのだろうか？　CAEが間違っているのだろうか？　しかし、成形現場では、その議論よりも何とか形だけでも良品サンプルを採取して客先に提出する必要がある。何とかバリの無いサンプルを採取できる方法がないだろうか？

2.1.1 基本的対策案

対策案に進む前に、型締め力と射出力についての基本的なポイントを改めて考えてみよう。射出成形の型締め力計算の基本であるが、**図2.1**のように、金型を押し開こうとする力（射出力）が、金型を締め付けている力（型締め

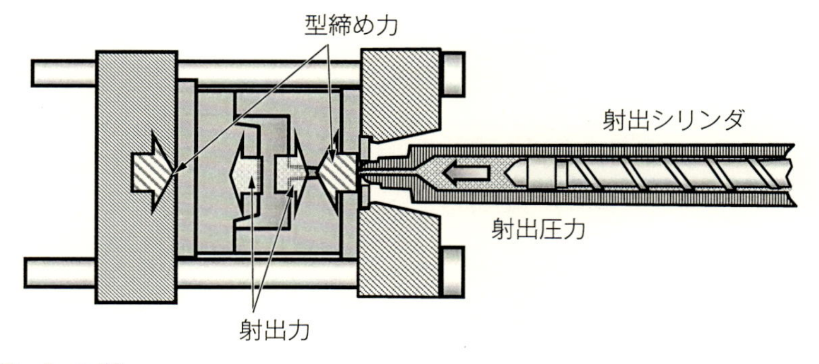

Point!!

金型内の射出圧力と成形品の型締め方向の面積の関係から、射出力が型締め力より大きくなると金型が開いてバリとなる。しかし、これは理想的な金型合わせ状態の場合である。

図 2.1　型締め力と射出力

力）より大きくなると、金型が開く。金型が開くと、隙間ができるので、そこに溶融樹脂が流れ出てしまってバリとなる。

使用する機械の型締め力に余裕がない場合、図 2.1 の関係から、射出力を低くするしかない。そこで、まず射出力が、経時的にどのように変化していくのかを考えてみよう。金型内の樹脂圧力の合計と型締め力の関係が金型を開く要素となるので、金型内の樹脂圧力状況を考えるのである。

(1) 金型の開き具合の検出

金型が開くことで発生するバリは、**図 2.2** のように、結構厚くなるものが多い。金型内に樹脂圧力センサーが装備されていない場合でも、ダイアルゲージはどこの現場でもあるであろう。このダイアルゲージを金型のパーティング面に挟んで、**図 2.3** のように取り付ける。そして、通常の射出動作を行い、**図 2.4** のように、射出工程のどの工程で金型が開くかをチェックする。金型が射出力によって開かされる場合、理想的な平行状態で開かされるとは限らず、金型も歪んだ開きをしてバリが発生することもある。そのため、当たりの強い受圧板などの近くにダイアルゲージを設置すると、バリが発生してもダイアルゲージが金型の開きを検出できない。当たりの弱い受圧板部分

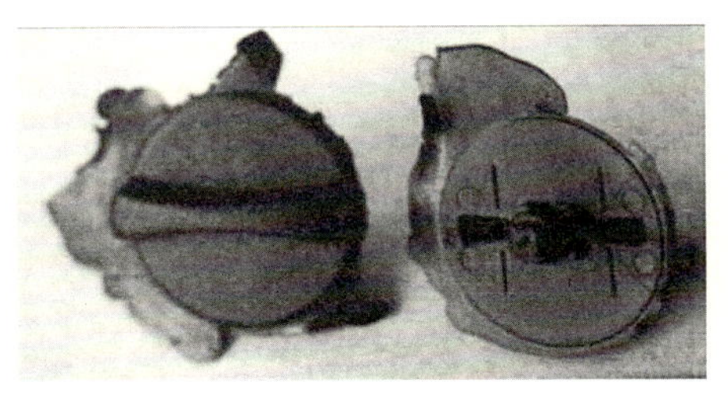

Point!!
金型が開くと、急に大きなバリが発生する。
この金型の開き状況は、図 2.3 のようなダイアルゲージで検出することができる。

図 2.2　金型が開いて発生したバリ

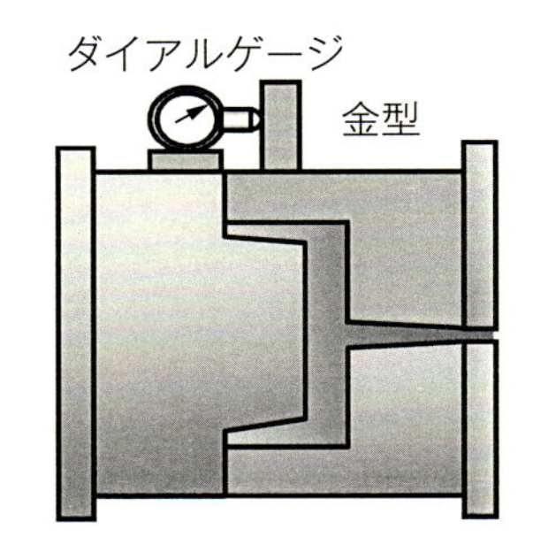

Point!!
射出力によって金型が開いて発生するバリが、どの工程で金型が開いているのかをダイアルゲージでチェックする。

図 2.3　ダイアルゲージによる型開きチェック

では、ダイアルゲージも開きを検出するので、受圧板の位置が不適当というわけではないが、いろいろと場所を変えて試しながら探すことである。このことを理解するには、あとで説明する金型の合わせ具合の理解も必要である。

金型が開かされるのは、樹脂圧力の総合計であるので、射出途中のショートショット状態であっても、その部分での圧力自体が高ければ、圧力の総合計は大きくなって金型は開く。CAE の結果から、どの工程で最大型締め力

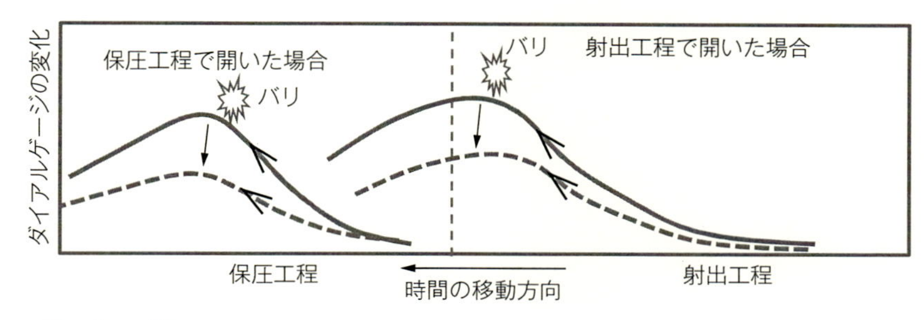

Point!!

充填完了前から金型が開くような場合には、ショートショット状況でもバリが発生している可能性が高い。
型締め力に余裕がない場合には、射出工程で圧力を下げることを考える。
充填後に金型が開いてバリが発生している場合には、保圧切換え位置と保圧を調整する。

図 2.4　金型の開くタイミングのチェック

を必要としているかをチェックしてみよう。もし、CAEでも実際でも、射出工程の途中で最大型締め力を必要とし、実際にもショートショット状態で開いているのであれば、射出工程の充填途上の圧力を下げる必要がある。しかし、完全に充填した投影面積の最大のところで開いていたり、保圧工程で開いているのであれば、パッキング（充填）時から以降の対策を考えることになる。

①　射出工程でのバリ対策

充填完了前の射出工程で金型が開いて発生するバリに対しては、流動時の最大圧力を下げることが必要である。具体的に言うと、**図 2.5**のように、**射出速度の設定自体を遅くして、結果的に流動の負荷圧力を下げる方法**と、**図 2.6**のように、**射出圧力設定を低くして流動時の圧力自体を頭打ちとする方法**がある。後者は、結果として速度が圧力制御（圧力制限による力不足）となり、速度が低下する。

その他の流動時の抵抗を下げる方法としては、粘度を下げることも考えられるであろう。**樹脂温度を高くして、粘度を下げる**のである。ここで注意することは、樹脂の粘度の温度依存性が大きい材料の場合と小さい材料の場合

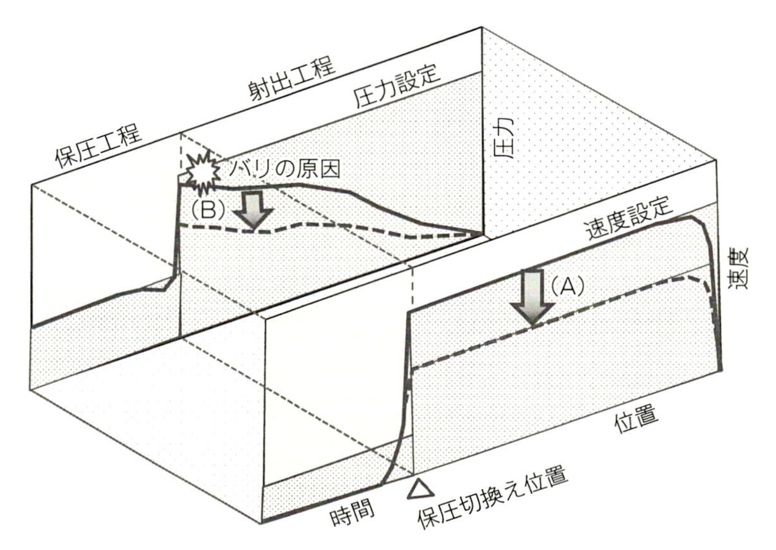

図 2.5　射出速度を下げて対策

とでは、結果の効果が期待値と違ってくることである。粘度の温度依存性の小さい材料では、温度を上げても期待するほど粘度が低下してくれないので、効果も出にくいのである。**図 2.7** には、材料別の溶融樹脂の違いによる粘度の温度依存性の例を示す（1つの例であり、グレードによっても異なるので注意)。

②　充填工程でのバリ対策

もし、射出途中ではなく、保圧工程への切換えか保圧工程で開いているようであれば、まず保圧を使わない成形をしてみる。保圧切換え位置で射出保圧を終了する方法もあるが、ここでは保圧設定をゼロにして様子を見る。もし、それでもバリが発生するようであれば、射出工程での圧力が充填完了時にも作用している可能性が大きい。この場合、**図 2.8** のように**保圧切換え位置を早め（値を多めにする）に打たせて、バリが発生しなくなる位置に保圧**

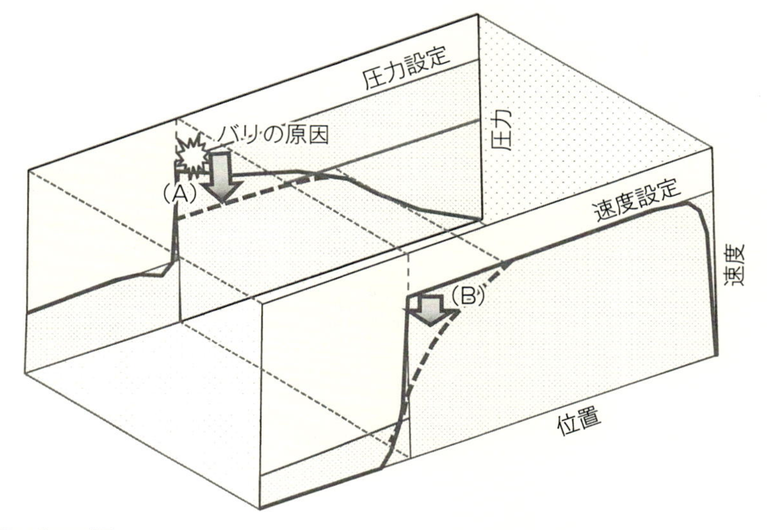

Point!!

射出工程での速度を下げる代わりに、(A) 射出圧力自体を下げて、(B) 射出速度は圧力なりになって低下することを利用する方法。

図 2.6　射出圧力を下げて対策

切換え位置を調整する。その後、充填がなだらかに行われるように保圧を下げてから、ヒケの様子を見ながら高くしていく。**図 2.9** には、制御盤の一例を示すが、**多段の射出圧力設定がある機械では、最終射出圧力設定（ここでは射出 4）を保圧の代わりに使用して圧力を下げる**ことを行っても同様のことである。

(2) CAE 結果と合わない理由

型締め力が事前の CAE 流動解析結果と合わない原因には、下記のようないろいろなことが考えられる。

1. 流動解析に使用する樹脂データの違い
2. 流動解析の射出速度設定と実際との違い
3. 保圧切換え位置の違い
4. 金型の合わせ具合の違い

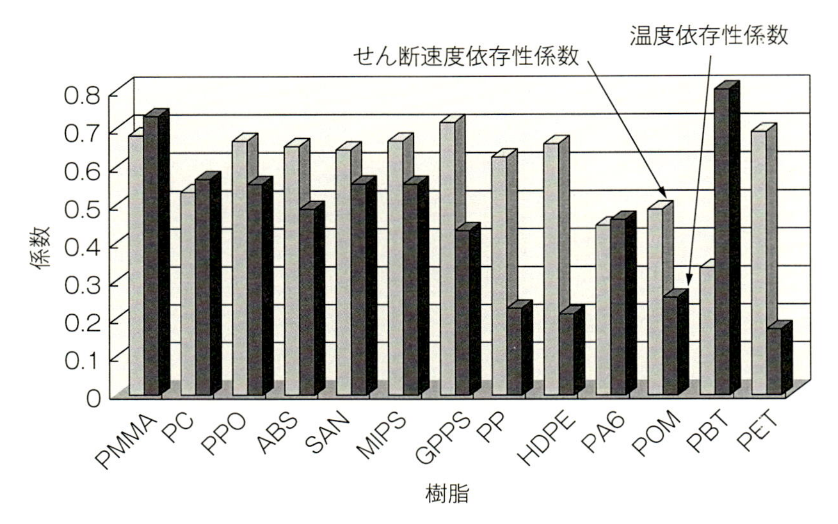

Point!!

粘度の温度依存性が大きい材料は、樹脂温度を変えると流動抵抗も変化が大きいが、小さい材料は思ったほど効果がないことがある。

図 2.7　溶融樹脂の粘度係数

などである。

CAEの結果と実際の現場での成形結果が異なる場合、あまり深く追求せずに終わってしまうことが多い。確かにいくつかの照合例はあるが、それは金型メーカやCAEソフトメーカの営業面でのPR用で、多くの場合、現場では継続的になされてはいない。その原因のひとつとして、CAE結果と実際が異なるとき、成形機での成形条件の設定をCAEや成形の技術者が理解できていないことがあげられる。

もうひとつは、4の金型の合わせ具合が悪いので、中途半端なところで金型が開いてしまい、CAE結果と合わなくなることである。これも実際に非常に多い。

CAEでは、金型を開こうとする総合の射出力は何トンになるかを計算しているのであって、何トンの型締め力が必要かという計算ではないことに気付く必要がある。と言うのは、型締め力全てがバリを抑える力として作用しているとは限らないからである。このことが理解できると、**金型の最終仕上**

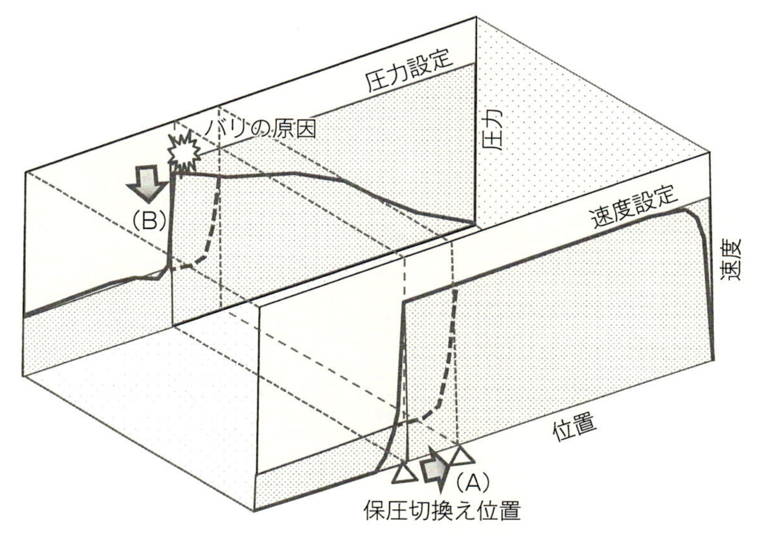

Point!!

充填完了時点で金型が開いている場合、保圧切換え位置を早めに打たせることで、金型内圧のショック圧を低くする。この場合、保圧をゼロとして保圧工程でバリが発生していないことを確認した後に、保圧を徐々に調整していくとよい。

図 2.8　保圧切換え位置を早くして対策

げがどのようにあるべきかが理解できるであろうし、金型メーカの選定基準も変わってくるはずだ。

①　金型の合わせ具合

ここで、金型のパーティング面の合わせについて**図 2.10** で説明する。先ほど金型の開きをチェックするために使ったダイアルゲージを、今度は型締め力をいろいろと変更しながら、そのダイアルゲージの変化量をチェックしてみる。

金型は、成形品周囲にバリが出ないように、当たり面が作られている。この当たり面が型締め力による圧縮応力に耐えうるだけ広く取られていない場合には、他の面（例えば受圧板）で圧縮応力を分散することになる。いくら加工機が進歩したとは言え、金型が大きくなると機械加工時の温度変化やバ

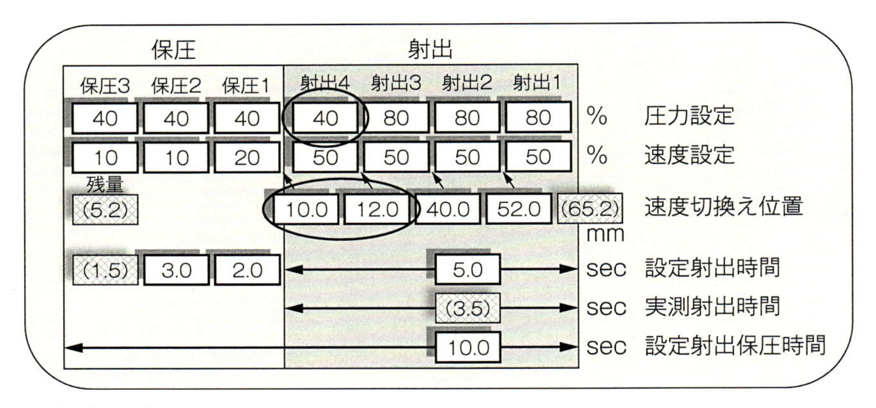

Point!!

射出圧力設定が多段ある場合には、射出の最終段を保圧代わりに使うことでも、金型にとっては圧力低下させることと同様である。上図例では、圧力設定の射出4と保圧1が同じ設定40%であるので、切換え位置12 mmから圧力低下したこととなる。

図 2.9　射出最終段圧力を低下して対策

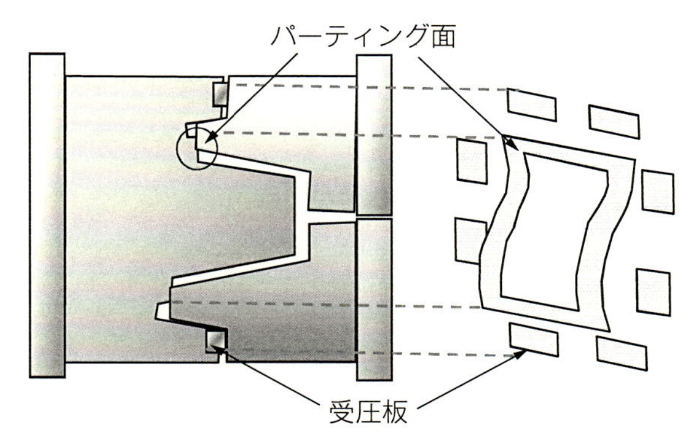

Point!!

パーティングの合わせ面だけでは、型締め時の圧縮応力が高くなり過ぎる場合、受圧板でも応力を受ける設計も多い。パーティング面は3次元的に変化することも多いので、この合わせ調整は熟練者に委ねる。

図 2.10　金型の合わせ部分

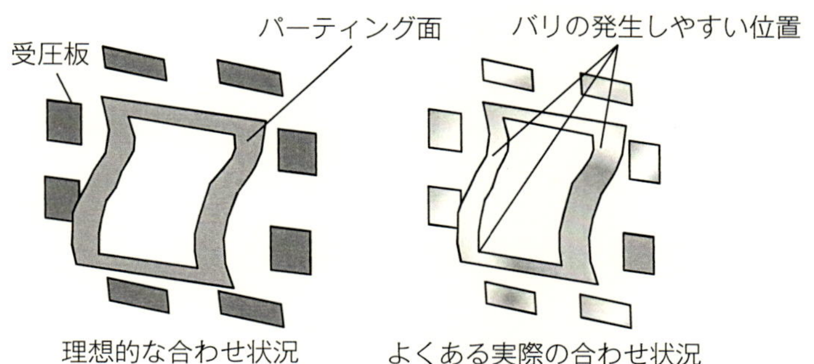

※色の濃さは接触面圧の高いことを示す（インクの濃さでないことに注意）

Point!!

金型設計上の理想的な合わせは左側のような均一状況であるが、実際には右側の状況をよく見る。図の色は、濃い方が圧縮応力が高いことを示した概念図であり、インクの濃さではないことに注意。

図 2.11　金型の合わせ状況

イトの摩耗、加工時間問題などもあり、機械加工だけで10ミクロン（μm）以下の理想状態に加工することは困難である。特に、合わせ面が三次元的な変化をしている面の場合は機械加工だけでは限界がある。

図 2.11 には、理想的な合わせ状況と実際の概念状況を示す。ここでは、色の濃さが当たりの強さ（圧縮応力）状況を示しているものとする（当たりをチェックする光明丹などのインクの濃さでないことに注意）。

この理想的な合わせ状況の場合、型締め力が低いところからでも均一になっていて欲しいものである。これを、型締め力を少しずつ強くして、ダイアルゲージの動きをチェックしたイメージを**図 2.12** に示す。全面が均一に当たると、許容圧縮応力値から計算しても、ダイアルゲージの値はほとんど変化しないはずである。それほど難しい計算ではないので、各自試してもらいたい。シングルミクロンレベルである。

しかし、実際には、低い型締め力で均一に合わせを行うことは非常に難しく、徐々に型締め力を増すに従って当たり面が増えていく調整になる。当たっていないところは隙間ができている。この隙間はバリが発生しない程度にする必要がある。バリが発生しない程度の隙間は、樹脂の粘度と圧力によっても違うが、PP などでは 20 μm 程度を目安にしている。粘度の高い材料で

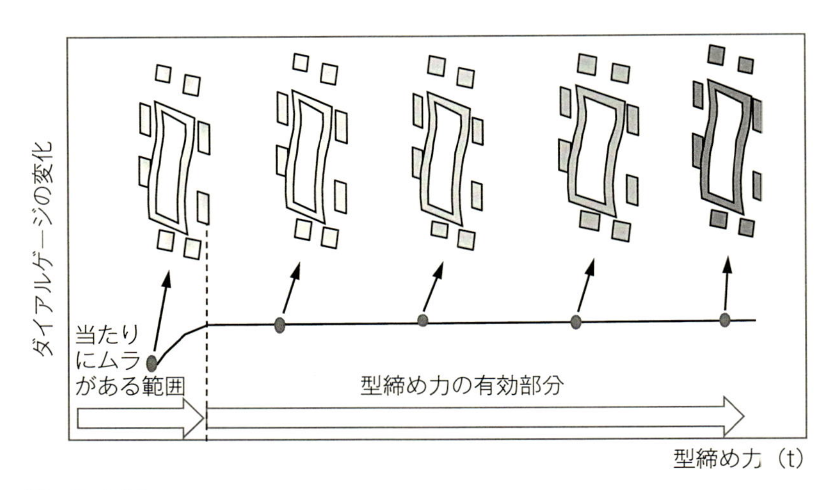

Point!!

金型設計上の理想的な合わせ状況は、小さい型締め力の状態でも、最終状態の型締め力時の合わせと同一になっていることである。図にイメージを示す。均一な当たりとなったあとは、型締力による圧縮応力は均一に上昇していく。

図 2.12　理想的金型の合わせ状況

は、もっと大きな隙間でもバリとならないこともあるが、粘度の低い材料では成形圧力が高くなると 20 μm 以下の隙間でも薄バリは発生する。

実際の金型で、型締め力を変えながらダイアルゲージの変化を調べると、**図 2.13** のようになるであろう。ある程度、型締め力を増加していくまでは、100 μm の単位（0.1 mm が 100 μm）でダイアルゲージが変化するであろう。先ほどのバリが出ない 20 μm 程度とは大差があることに驚くはずだ。この数値は、ダイアルゲージで測定している距離が同じであれば、応力（単位面積当たりの力）との関係なので、金型の大小には関係しない。

その後、もっと型締め力を増加させると、当たり面が大体均一となって、ダイアルゲージの変化量も直線的となる。しかし、ここでも金型自体の撓みもあるので、実際には理想的なシングルミクロンの変化よりも大きい。

ダイヤルゲージ設置場所については前にも説明したが、型締め力の低い時点からすでに金型面が当たっているところでは、ダイアルゲージ表示も変化

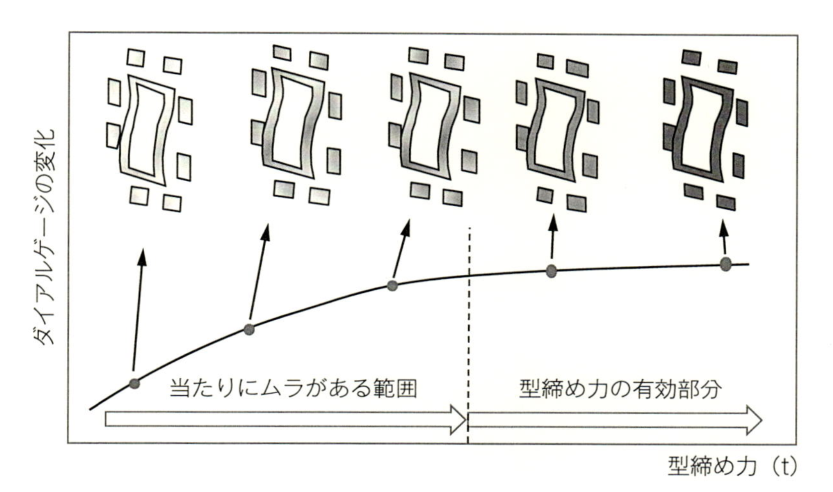

Point!!

実際の合わせ状況は、型締め力を増やすに従って、少しずつ当たり面が増加するような状況である。しかし、これは型締め力が合わせの途中段階のために使われていることであって、型締め力の無駄使いである。この合わせ技術レベルは金型メーカの選定基準ともなる。

図 2.13　通常の金型の合わせ状況

しようがないので注意が必要だ。例えば、受圧板が先に当たり、他の部分は当たりが不完全であると、受圧板の部分はすでに当たっているので、その変化を検出できないのだ。

これを再度、**図 2.14** で説明する。型締め力を増すと、合わせ面が徐々に当たってきて、あるところから均一に当たるようになる。均一に当たり始めるとダイアルゲージの変化も直線的となる（A）。これに射出力が反対方向に加わると、金型が開かされる方向に力が作用する（B）。このとき、金型合わせが不均一になり始めるところから、急激に金型が開く量が大きくなることが理解されるであろう。

物理の理屈で説明すると、金型の接触面積（合わせ状況と関係）が減少することで、ばね常数が小さくなっていき、開き量が増加するのである。この図で示す型締め力有効部分となる点が大きくなる（遅れる）ような金型合わせ状態の金型は、射出時に金型が開きやすくなることを意味しており、バリ

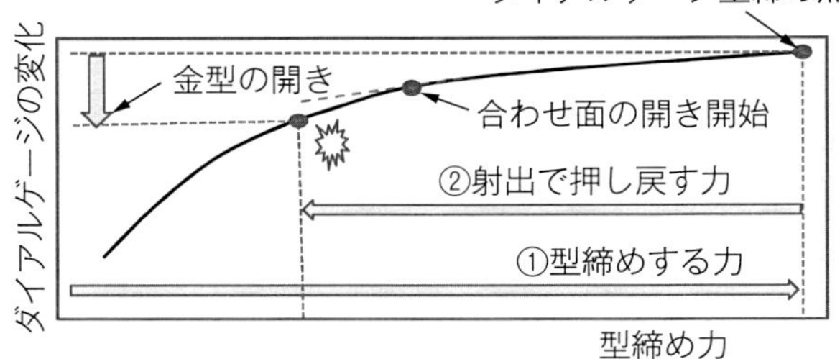

Point!!

型締め力①で締め付けられた合わせ面は、射出による型締めとは反対の力②で開かされる。このとき、合わせ面が開き過ぎるとバリが発生する。このダイアルゲージの線図の関係（当たり具合）がバリに対する強さを表している。

図 2.14　合わせ状況と射出による開き

が発生しやすくなる。これがCAEの結果と違って、型締め力が十分なはずであっても金型が開いてバリが発生する原因である。当たりの状況をチェックするには、小さい型締め力状態でもいかに全体が均一に合わせられているかが重要である。最大型締め力状態で合わせ確認をしても意味がない（最大型締め力状態でも当たりが悪い場合は論外である）。

この**金型の合わせの理屈を理解して、金型トライ以前には十分に金型メーカと協議しておく必要**がある。良好な合わせ調整には、現場仕上げの理解と技能が重要であり、それができていない金型メーカは調整に苦労して時間を費やすことになる。最近では加工機械に頼りすぎて、このような基本を理解できていない金型メーカも多くなっている。

バリの暫定対策としては、あとで説明する成形条件によって、合わせ不良問題をごまかす方法もあるが、これを許容すると、後々の量産時の成形条件幅を狭めてしまう。これも金型メーカを選定するときの１つのポイントともなる。

②　危険な合わせ状況

型締め力を当たり面の面積で割った面圧は、均一に当たっていると仮定したものであるが、現実には均一に当てることは難しい。**図 2.15** には、生産

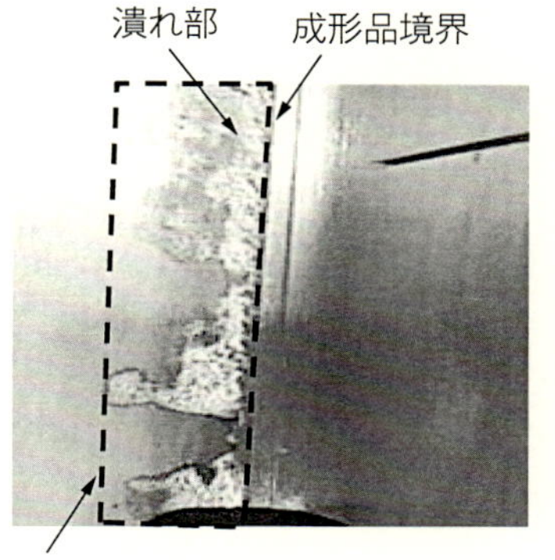

Point!!
降伏圧縮応力を超えて当たり、潰れてしまった当たり面。

図 2.15　当たりが強く降伏した部分

中の金型の当たり面の様子の例である。斑状に光っているところは、金属の当たり面が接触により圧縮されて降伏している（潰れている）部分である。バリが発生しないようにと部分的に強く当てすぎるとこのようになる。特に、パーティングの角が潰された後に欠けると、この部分はバリとなってしまうので金型補修が必要となる。

当たり面は許容圧縮応力を超えるような合わせ調整は禁物である。特に、3 次元のパーティング曲面は合わせにくいので、均一な当たりは調整しやすい受圧板で受け、パーティング面は多少弱めに調整することが理想的だと言われることも多く耳にする。しかし、この理想論は、言うは易く行うは難しなのだ。その理由は、弱めに当てるという具体的な数値になる。

もし、これを実践しようとすると、まず、**図 2.16** の左側のように、受圧板を外すなどして、先にパーティング面がほぼ完全に均一な合わせであることを確認する必要がある。その後受圧板を取り付けて均一に当てることを確認した後に、パーティング面に隙間を作るか、パーティング面の当たりを弱くするように受圧板を調整することになる。「受圧板を強めに当て、パーティング面を弱めに当てる」とは、面圧から計算するとその段差は数十 μm ではなく、μm 単位あるいはそれ以下であるからだ。先に受圧板を調整した後で、パーティング面を調整することはできない。

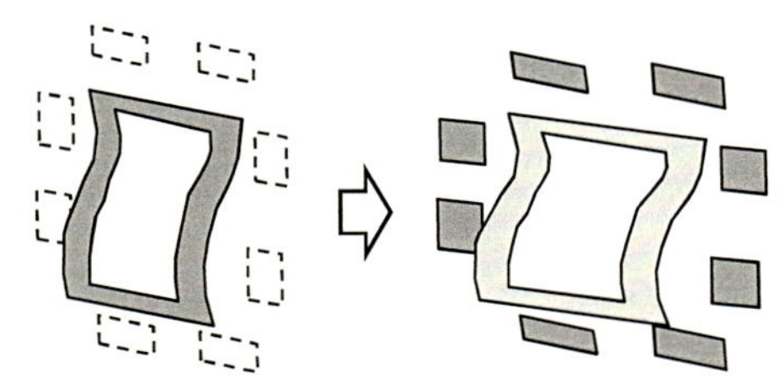

Point!!

パーティング面の保護と、ガス逃げを良好にするために、受圧板で完全に受けて、パーティング面はバリが出ない程度に隙間を作る思想もある。ただし、この場合にも、先にパーティング面はきちんと合わせを確認する必要がある。理想論ではあるがこれを実際に行うことは結構困難である。

図 2.16　合わせの考え方

③　光明丹などのインクでの合わせ確認

現場では、光明丹（日本では紅色が多いが、海外では紺色のペーストが多い）などのインクを塗って、両側を合わせて、そのインクの当たり具合・はがれ具合で当たりの具合を確認する。このときに、**図 2.17** のように、インクがべたべたしていたり、厚く塗ってしまうと、隙があっても当たっているように見える。インクが厚いと、当たりの数 μm の強弱の違いどころか、先に述べたガス抜きの 20 μm でさえ見極めることは難しい。この**インクの厚さがどの程度などかをまず知ることが大切**なのである。

ちなみに、市販されている透明テープは 0.05 mm（50 μm）の厚さなので、テープ 2 枚を平行にして作った溝にインクを入れて、50 μm 厚さの感覚を知ることができる。現場では結構この厚さでも気にせずに合わせ調整をしているところも多い。金型トライ後に合わせが悪いことに気が付くと、時間の無駄となるので、**トライ前には薄いインク状態で合わせの確認をしておくべき**である。

0
20
40
10
隙間（インクなし）

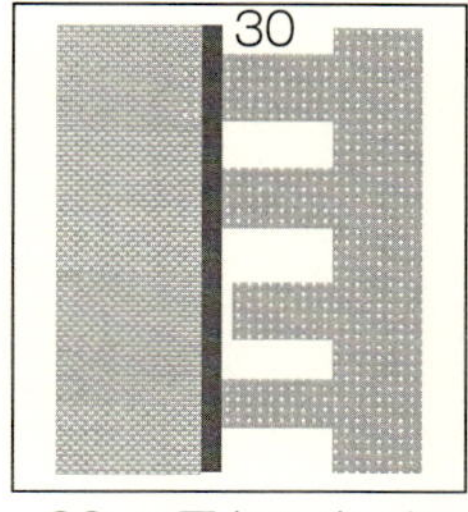

30μm厚さのインク

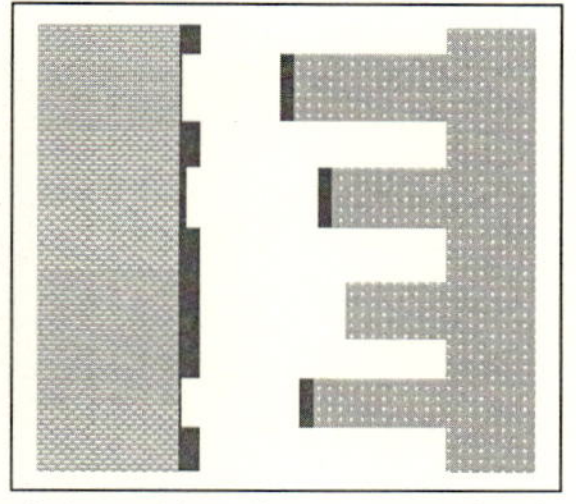
合わせ結果（インクの移動）

Point!!

上図の数値は、隙間とインク厚さを示している。インクを片側に塗って、両側を合わせてインクに当てると、相手側にインクが移る。このときの色の濃さで隙間や当たり具合をチェックするのは結構困難である。隙間があるところでもインクが付くと当たっているように見える。最終的には、インクの厚さを管理してチェックする必要がある。

図 2.17　インクでの合わせ確認

2.2　金型問題による現場バリ対策

金型の問題と言っても、いろいろな原因があるので、その原因に分けて現場でのバリ対策を考えてみよう。

2.2.1　合わせの悪い金型でのバリ対策

合わせは事前に確認しておくことが大切なのだが、客先からの強引なスケジュール短縮要請や、製造側の都合などで無理を強いられることもある。また、製造現場では、このような悪い合わせ状態の金型でも、何とか生産をしなければならないやむを得ないこともあるので、この方法を紹介する。

(1) 受圧板の調整

当たりの悪い金型は、まずパーティング面の当たり自体も悪いことが多い。しかし、パーティング面を再調整するには時間がかかるので、まずは受圧板でそこそこのところまで調整することを試してみる。

① 受圧板の当たり確認

受圧板が偏当たりすることで、パーティング面が偏って開いている場合があるので、まずそれぞれの受圧板の当たり具体をチェックする。どの受圧板が強く当たっているかを調べるために、前に説明したインクの厚さをなるべく薄くして確認する。強く当たっている部分は、低い型締め力状況から当たりが発生しているので、型締め力を変えながら確認すればよい。

② 受圧板の調整

次に、全ての受圧板を取り外して、パーティング面だけでどの程度調整されているのかを確認する。この場合、パーティング面を傷めないような型締め力で強く締め過ぎないことである。受圧板のない状態での当たり自体が相当悪い場合の議論はここでは論外とする。

その後、**強く当たっていた受圧板を取り外し、隙間の開いていた受圧板の後方にはシムを入れるなどして、バランス調整を行う。受圧板を取り外したままで十分な型締め力をかけても許容応力的に問題なければ、取り外したままの成形も可能であるが、問題のある場合には、強い当たりの受圧板を少し薄く加工する**。金型メーカであれば、この機械加工にそれほど時間はかからないはずである。通常、合わせの悪い金型は受圧板の調整程度では最適状況にはならないので、後日、時間をかけて金型メーカ内でのパーティング面の調整は必要である。

(2) 成形条件の調整方法

次は、成形条件でその場しのぎの調整をする方法である。ただし、**この方法を使ってバリ対策をした場合、バリが直ったように見えるので、金型の合わせは問題がなかったとの話に転換されることも多々ある。**金型承認時に、金型メーカにこの方法を使われると、合わせの悪い金型でも承認してしまう過ちをしてしまうので注意が必要だ。金型メーカの成形条件担当者に悪気はなく、自分の成形の腕で対策したと思っている。また、金型メーカの設計者も、金型仕上げ担当者も、成形品の結果が問題ないので、金型自体には問題がないと勘違いしている。金型を承認する発注側の担当者も、結果としての成形品が問題なくできているので疑うこともなく承認してしまうのである。誰にも故意的な悪意はないのであるが、ただ知らないがために、「問題あり」

の金型を、「問題なし」と間違った判断をして受け入れてしまうのである。

このような金型を承認すると、あとあと量産工程で非常に苦労することになるので、よく理解しておいて欲しいところだ。

ここでの対策は、金型が開いて発生するバリと似ているところがあるが、この場合には、射出力で金型が開くことで発生するバリではなく、すでにわずかな隙間があるところから発生するバリである。そのため、ダイアルゲージで金型の開きをチェックしても、金型自体は開いていないのにバリが発生する。

この対策としては、薄い膜を作って、これで樹脂漏れ対策を行う方法がある。このことを説明する前に、溶融樹脂が金型を流れるときの様子を見よう。

①　流動途中で発生するバリ

図 2.18 のように、充填の途中ですでにバリが発生している場合、このバリの部分のスキン層を含む固化層を厚くして、これで堰き止めることを考える。まず、バリを発生させないために、このバリ癖の付いた部分の流動時の

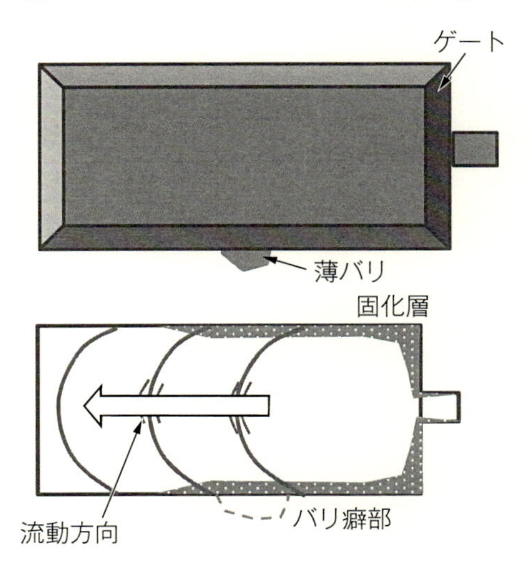

Point!!
バリが発生している部分に対応する射出速度を、図2.19のように遅くする。

図 2.18　流動途中の薄バリ

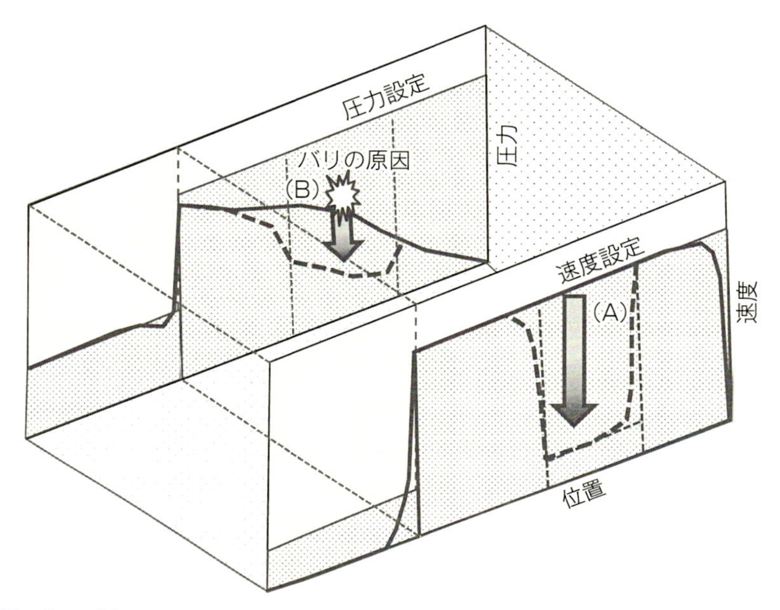

Point!!

薄バリが発生している付近の流動速度を遅くする。低速とすることで、流動抵抗（圧力）を下げるとともに粘度も高くなり、かつバリアーとなる固化層の成長時間を稼ぐことができる。

図 2.19　流動途中薄バリ対策

樹脂圧力を下げることがポイントである。**図 2.19** のように、この**バリの発生している部分での、流動速度を遅くする**。射出速度を下げると、流動圧力が低くなると同時に、せん断速度が小さくなり粘度も増加するので、隙間に入り込みにくくなるのだ。

ここで、溶融樹脂の粘度について説明すると、溶融樹脂は絡まった繊維のようなものであるので、せん断応力によるずれを加えるとこの繊維が変形する。この変形によって、粘度が低下する。詳しいことは省略するが、**図 2.20** のような、横軸がせん断速度、縦軸が粘度の溶融樹脂グラフを見たことがあるであろう。これは、射出速度が速くなるとずれの程度、すなわちせん断速度が大きくなり（横軸右方向）、粘度が低下（縦軸下方向）する方向に移動することを示している。逆に、射出速度が遅くなると、高粘度となるのでバリ

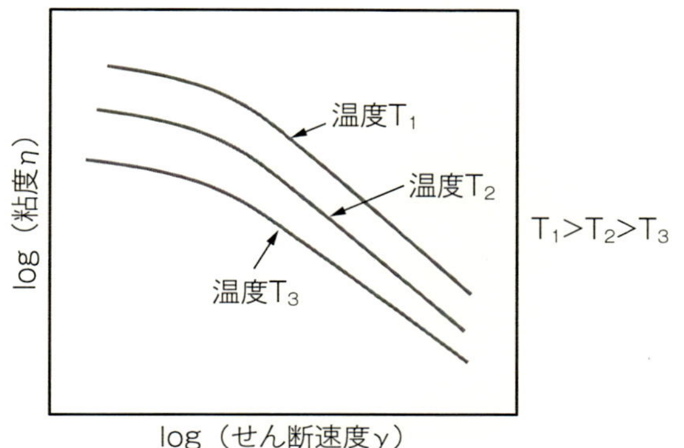

Point!!

溶融樹脂は、せん断速度が小さいところでは粘度も高い。せん断速度は、射出速度が遅いと小さくなる。

図 2.20　溶融樹脂の粘度曲線

も出にくくなる。圧力の観点と粘度の観点の双方からバリが出にくくなるのだ。そして、バリが出ない程度の速度でゆっくりと流していると、金型に接している面は冷却されて固化層が徐々に厚くなっていく。射出速度は遅いままだと、ショートショットやフローマークなど、他の成形不良が発生することがある。これを防ぐために、この部分の**固化層が、バリを抑え込める程度に厚くなった時点で、再度射出速度を速くすれ**ばよい。

②　流動末端に発生するバリ

図 2.21 のように、流動末端に発生する同じようなバリの場合、すでに樹脂は金型キャビティ内に一杯になっているので、充填速度を変えることはできない。そのまま圧力を下げると、保圧を効かせることができなくなるので、ヒケの発生となる。このような場合にも、やはりこのバリ癖のついた部分の固化層を厚くすることを考えて対処する。

具体的には、充填完了点（充填末端）でバリを出すような高い圧力にしないことである。当然のことながら、保圧を低くするとヒケが目立ってくる。そこで、**図 2.22** に示すように、**充填完了間際に圧力を下げるために、保圧切換え前の射出速度を遅くするか、あるいは、多段射出圧設定があれば、保**

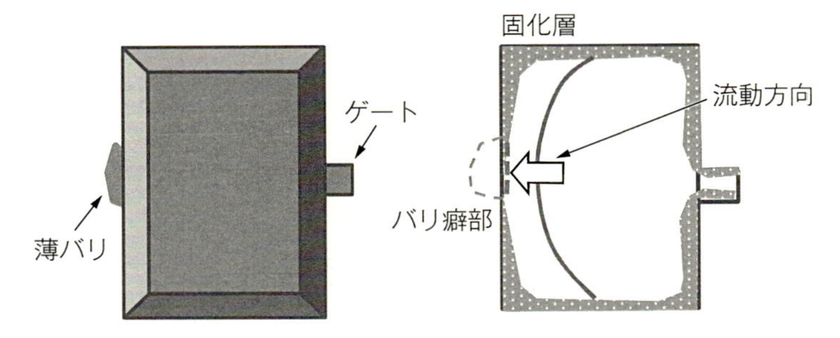

Point!!

図2.19のように、充填完了直前に速度を低下させて、バリ癖部での圧力を下げ、充填直後にも圧力を低下させてバリを防ぎ、固化層の成長を待つ。

図 2.21　流動末端の薄バリ

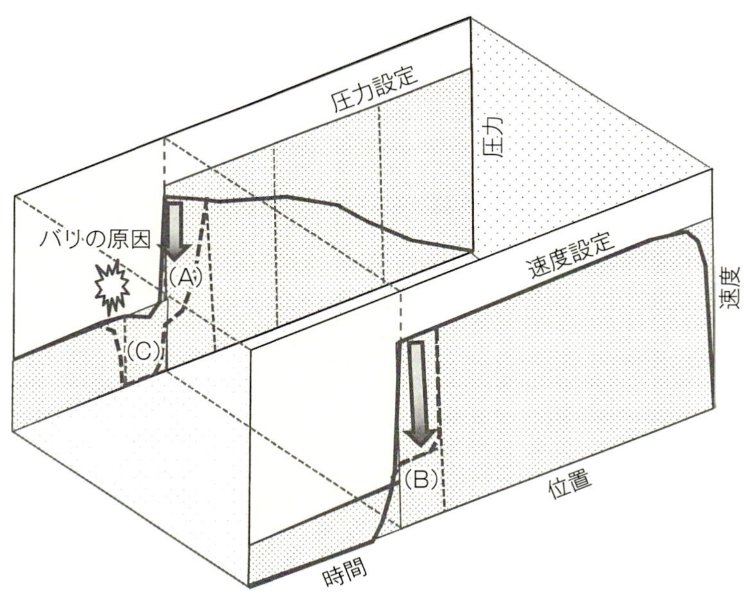

Point!!

流動末端のバリ癖部での圧力を下げる（A）ために、充填直前の速度を落とし（B）ながら、ショートショットとならないぎりぎりまで充填する。その状態で一段目の保圧を下げて（C）固化層の成長を待ったのち、保圧を上げる。

図 2.22　流動末端の薄バリ対策

圧前の射出圧力設定を下げる。その後、ショートショットとならず、バリも発生しないぎりぎりのところまで充填して、バリが発生しない圧力に下げる。そして、バリアーとなる固化層の成長を待って、保圧を上げていく。このとき、固化層成長を待つ間にゲートが固化してしまっては保圧が効かなくなるので、適度な時間と圧力調整が必要である。

この方法は、投影面積の大きな成形品を、ある程度小さい型締め力でバリを出さずに成形する方法として昔から使われている。金型が開いてバリを発生するときにも使える、一種の低圧成形法でもある。

2.2.2 ランナー部のバリ

次に説明するものは、コールドランナー金型でよく見かける図 2.23 のようなバリである。この対策としてよく耳にするのが、型締め力を増やす、それで効果がなければ、ゲートを広げる……という案である。これは金型メーカからの提案に多い。なぜそのように考えるのかを聞くと、ほとんどの場合、「ランナー部の圧力が高いので、それで金型が開いてバリが発生している。ランナー部で圧力が高くなる原因はゲートが小さいからである」と言う。

しかし、これは、単純計算でも間違いであることが理解できる。金型を開

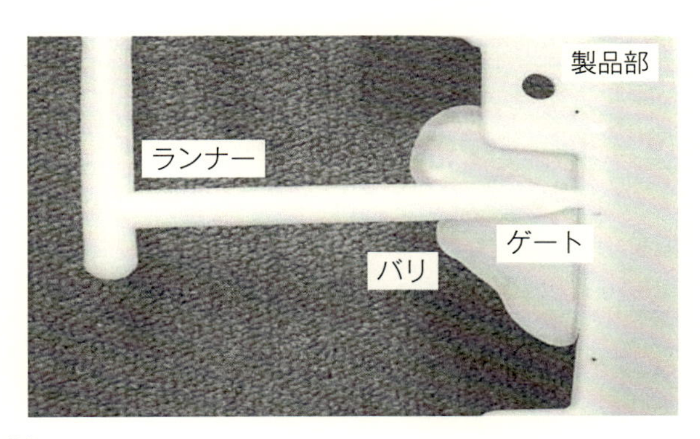

Point!!
ゲート部にバリが発生すると、ゲートを大きくする対策案が出されるが、本当の原因は、合わせ不良である。

図 2.23 ゲート部に発生するバリ

かせる力は、前に説明した図2.1のように、金型での樹脂圧力とそれを受ける面積に関係する。ゲート径が小さいために、ランナー部の圧力が高く必要になることは正しい。しかし、ランナー部の樹脂部分の面積は小さい。いくら高くなって、その圧力がランナー部の面積にかかったとしても、型締め力に対抗して、金型を開くほどの力にはならないことは、簡単な計算でもわかることである。このバリの原因のほとんどは、本来ランナー部の金型の合わせに問題があることから生じている。

同じ射出条件であれば、ゲートを広げることでランナー部の圧力が低下して、バリは小さくはなるであろう。しかし、ランナー部での圧力を下げる方法としては、前に説明したような**流動途中のバリと考えて、この部分での射出速度を遅くする**方法もある。もし、ゲートを広げることが、現場の他の作業に影響を与えないのであれば、原因の解析は間違っているとしても、対策案としては採用できるかもしれない。しかし、ゲートを広げた場合に生じる恐れのある他の問題点としては、ピンゲートの場合、ゲート切れ問題、ゲート残り問題がある。サイドゲートなどの場合には、後工程で、ゲートを切断処理する場合の手間と処理具合に影響を与える……などである。

もし、成形現場でのゲート拡大対策が効果があるとしても、モノづくり全体の視野から考えることも重要だ。暫定的に射出速度条件で調整するとしても、**最終的には金型の合わせ調整が必要**である。

2.3　金型剛性問題によるバリ

図2.24に示す製品は、PP製のフィルターである。平面状（2次元形状）の網なので、受圧板の必要もなく、合わせ面自体を機械で精度よく加工することは可能である。左側のものには薄いバリが発生しているが、右側にはバリは発生していない。この原因は金型自体の撓みにある。射出圧力により、中央部に開き方向の力が作用したときに、極端に言うと金型が太鼓状に膨らむのである。

これに対応するには、金型自体の剛性を十分に確保した設計が重要であるが、合わせ調整面でも、周辺の受圧板だけが当たり、製品面が当たっていないような場合にも力の作用点の観点から膨らみやすくなる。**暫定対策的には、**

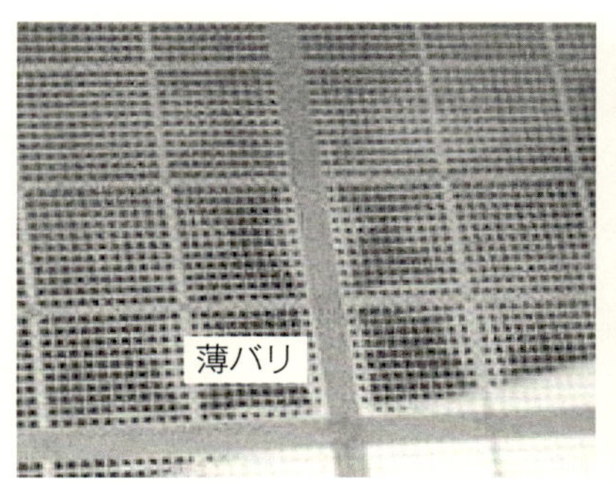

剛性の低い金型

剛性の高い金型

Point!!

左の薄く白っぽくなっているところにはバリが発生している。右側のフィルターにはバリは発生していない。製品自体は薄いが、右の金型厚さは左のものよりも厚く剛性が高い。

図 2.24　PP 製樹脂フィルター撓みによるバリ（左）

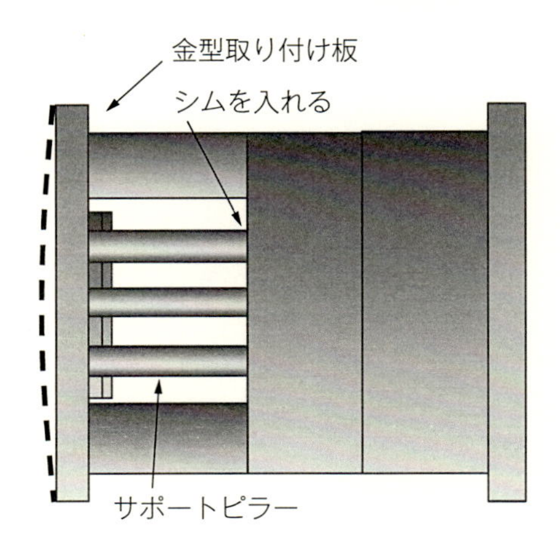

Point!!

金型の中央部を強当たりにするために、サポートピラー部にシムを挟む暫定対策方法。ただし、金型取付け版の変形分を機械の可動盤で押さえつけることになるので、可動盤剛性にも影響を受けることになり、機械が変わると状況も変化することになる。

図 2.25　サポートピラー部シム

サポートピラーを少し高くするためにシムなどを入れて、金型の中央部の当たりを強くすることが効くこともある。金型自体では取り付け板が薄いので、取り付け板側は撓むが、機械に取り付けて型締め力で中央部の当たりを強くする暫定案である。この概念を**図 2.25** に示す。金型メーカによっては、通常の金型でもこの方法を採用するところもあるが、機械の型盤剛性によって全体剛性が影響を受けてしまうやり方である。ダイスポットでの型合わせ調整時の撓み量と、実際の成形機上での撓み量も違ってくる。射出側の成形条件が同じに調整されたとしても、成形機の型盤剛性の違いによって機差が発生することのある原因の１つでもある。

この対策はあくまで暫定対策である。サポートピラーを高くした状態で、金型合わせ確認をすることは推奨できない。なぜならば、サポートピラーを高くして中央部の当たりを強くした場合、金型メーカでのダイスポットでの確認と、実際に成形機に取り付けた場合の当たりは微妙に違ってくるからである。金型を強制的に変形させた状態で、合わせ調整をすることや合わせ確認をすることは、別の問題発生の原因ともなる。**金型の合わせ調整を行う場合には、サポートピラーが金型を変形させていない状態で行う必要**がある。

第3章
ショートショット

成形品として必要な部分以上に樹脂が入ってキャビティからはみ出してしまうバリに対して、ショートショットは、本来成形品の一部であるべき部分が欠如している不良である。ショートショットの原因にもいろいろなものがあるが、まず、溶融樹脂が金型に入っていくときの状況を見てみよう。

3.1 流動長とショートショット

3.1.1 圧力と流動長

ゲートから流動末端までの距離が長い場合や、肉厚が薄い場合などは、末端まで流す圧力が不足しているとショートショットになる。**図 3.1** は、機械側の圧力設定を変えた場合の流動長との関係を示す。ここでは射出速度は一定として圧力を変えた例である。設定圧力が低いと、溶融樹脂が金型内に流入していくときに、圧力が頭打ちとなるので力不足となり、実際の速度が遅くなってくる。そして、最終的には流動が停止して流れなくなりショートショットになる。

図 3.2 は、機械側と金型側の圧力の様子を示す。流動先端の圧力はゼロであり、機械側（右）に行くほど圧力が増加する。この右側の圧力が、先ほどの圧力設定値である。**このようなショートショット対策には、圧力設定を高くして流す**ことである。射出速度設定を速くしても負荷圧力が圧力設定値で頭打ちになると実際の速度は出ない。**圧力設定が負荷圧力より高く余裕がある場合には、射出速度設定を速くすると効果はある**。この場合、負荷圧力も高くなるので、結果的には圧力を高くすることにも通じる。

しかし、圧力を高くして無理に流すと、キャビティ内部の平均圧力も高くなり、バリの原因となったり、部分的なオーバーパック（過充填）になることもあり、圧力だけに頼るわけにもいかない。

3.1.2 温度と流動長

次に、樹脂温度について考える。樹脂温度が下がると粘度は高くなり、粘度が高くなると流動抵抗は増加する。**図 3.3** では、ぎりぎりショートショッ

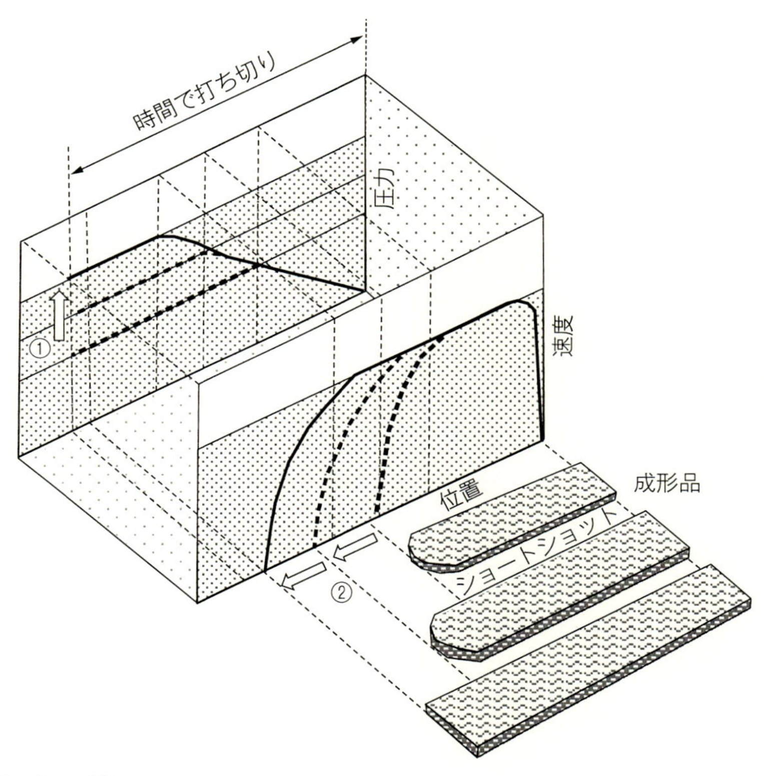

Point!!
充填するだけの射出圧力がない場合にはショートショットとなり、徐々に圧力を高くする（①）と充填が進む（②）。

図 3.1　機械側射出側圧力と充填状況

トとならない圧力設定で成形されていたものが、樹脂温度が下がると抵抗値が増加してショートショットとなったイメージを示している。シリンダ温度が制御問題でふらついたときなどに発生したりすることもある。

これを先ほどの機械から金型への圧力状況で考えると、**図 3.4** 中の点線のように、なるべく低い圧力で遠くまで流すことができれば、バリや寸法問題とショートショットを同時に解決することができる。すなわち、**樹脂温度を上げて粘度を下げる**こともその方法である。圧力を上げるとショートショッ

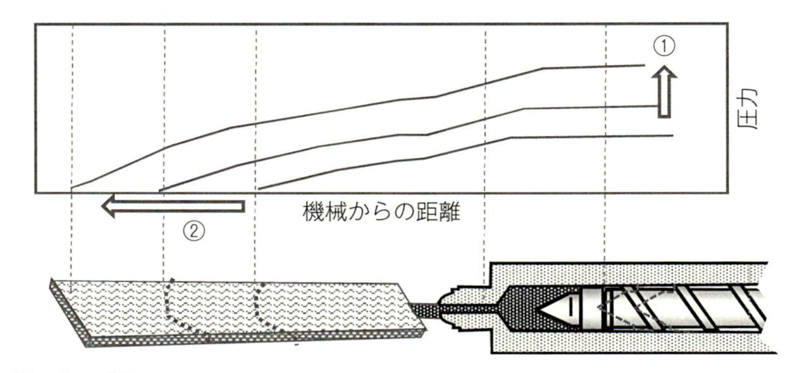

Point!!
機械側から金型方向に向かって圧力が低下していく様子を示す。流動が進むに従って機械側の圧力も上昇していく。

図 3.2　機械から金型方向の圧力変化

トはよくなるが、特にゲート付近のバリが発生してしまう場合など、この点線の圧力状況をみると、相乗効果があることがわかるであろう。溶融樹脂の粘度の温度依存性についても、バリのところで説明したが、温度に敏感に反応するものと、鈍感なものがあるので、樹脂によって効果の期待度は異なる。また、使用する樹脂の成形温度範囲にも注意する必要がある。

3.2　いろいろなショートショット

3.2.1　肉厚差のある成形品

図 3.5 には、櫛の成形時のショートショット状況を示す。太い部分と細い部分の同居する製品によく発生するショートショットである。まず、簡単に考えるために、**図 3.6** のような厚肉部に薄肉のリブが付いているような成形品を例にとろう。

この場合、厚肉の部分を樹脂が流れやすくなって、薄肉の部分への流動が遅れることは容易に想像できると思う。流動が進行すると、徐々に圧力が高くなって薄肉部にも流入しようとはするが、厚肉部の方が流れやすいので、

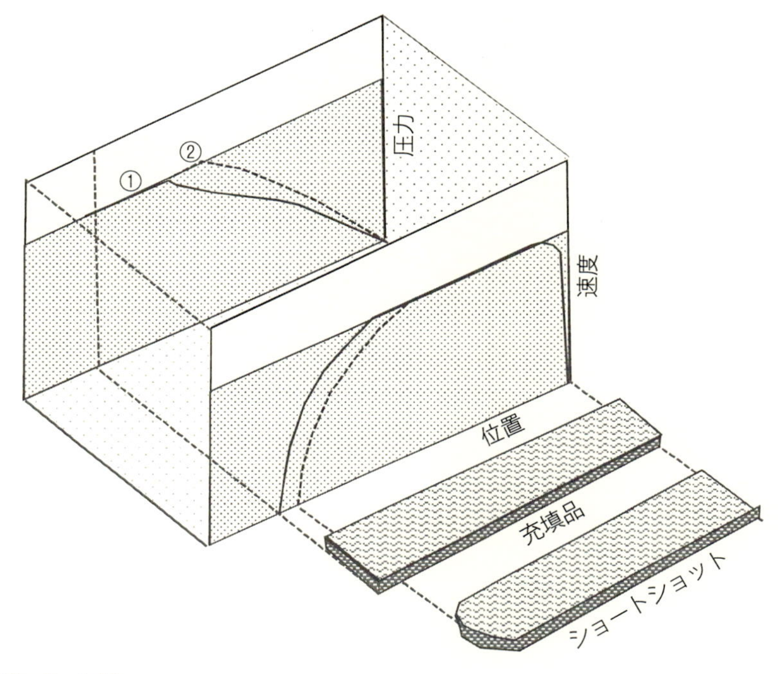

Point!!

樹脂温度が高いと充填していた（①）が、樹脂温度を下げると粘度が高くなって流動抵抗が大きくなり（②）、流れなくなっていく。

図 3.3　樹脂温度の影響によるショートショット

薄肉部では流動が遅くなる。流動が遅いと固化が進行し、流動が停止してショートショットになることもよく経験する。固化層内部の樹脂の動きが遅いと、熱量が金型に奪われやすく、**図 3.7** のように固化層が短時間で厚くなりやすい。その結果、流路がさらに狭くなり、ついに薄肉部は流動が停止しショートショットとなる。**厚肉と薄肉が共存するような成形品では、まず流動速度を速くして、薄肉の部分を流しやすくする**ことである。これはまた、射出時の溶融樹脂のせん断速度の違いによる粘度を考えると、溶融樹脂の厚肉部でのせん断速度は小さいが、薄肉部では大きい。射出速度を速くすると、厚肉部の粘度変化分と薄肉部の粘度変化分に違いが生じ、相対的に、薄肉部の粘度が低下して流れやすさが向上する。

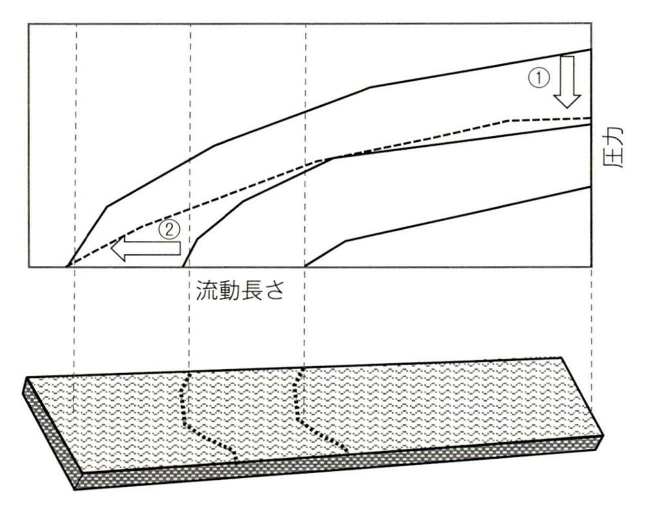

Point!!

成形品の部分の圧力状況を示す。樹脂温度が低いと流動時圧力損失が大きく流れにくいが、樹脂温度が高くなり粘度が下がると、流れやすくなる。図中点線は、樹脂温度を高くすることで①流動抵抗を減らし②流れやすくして流動長を伸ばした場合の圧力分布状況を示している。

図 3.4　樹脂温度上昇によるショートショット対策

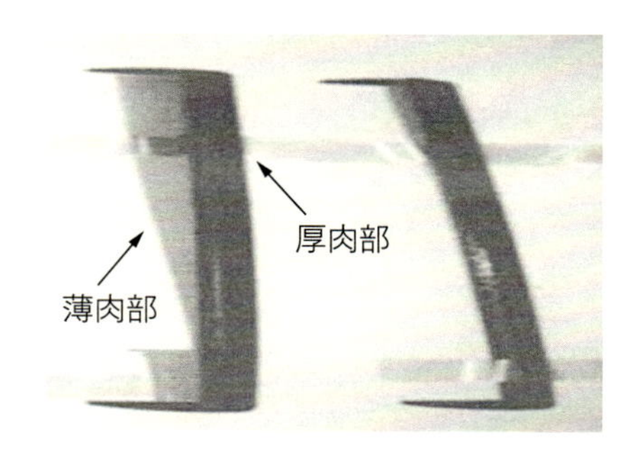

Point!!

櫛には、厚肉の部分と歯の細い部分がある。肉厚の不均一な成形品であり、細い部分がショートショットになりやすい。

図 3.5　櫛のショートショット

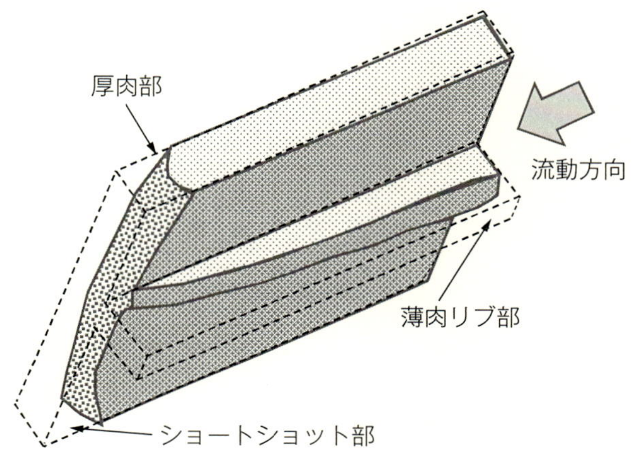

Point!!

厚肉部と薄肉部の共存する成形品の場合、厚肉部が先に流れやすい。この流動バランスは、射出速度を速くすることで変えることも可能である。

図 3.6　厚肉部と薄肉部の共存製品のショートショット

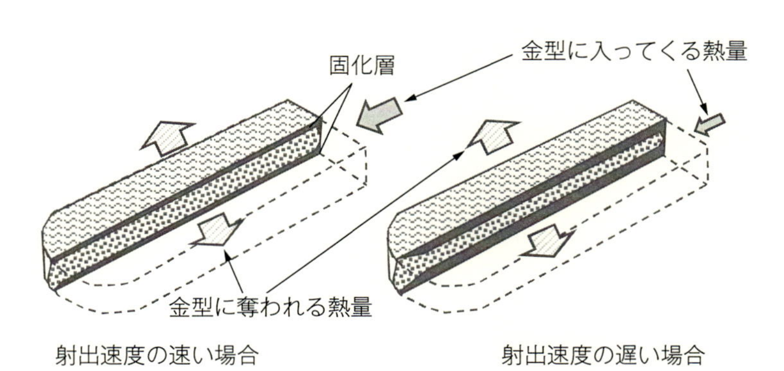

Point!!

特に薄肉部分は、樹脂流動が遅いと入ってくる熱量が少ないので、金型に熱が奪われ、固化層が早く厚くなる。

図 3.7　流動速度と固化層の厚さ

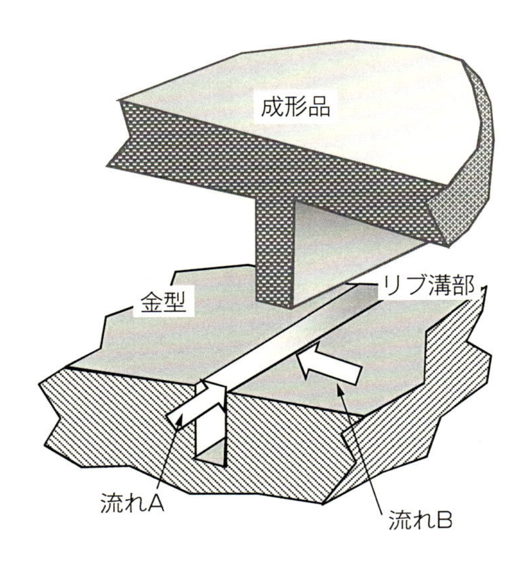

Point!!

リブ部分の流動は、リブと流動との角度によってもリブへの流れが異なる。流れBはリブを飛び越えやすい。

図 3.8　リブ形状と流動

次に、**図 3.8** のように、リブの方向と溶融樹脂の流動方向によっても、リブへの流れ込みやすさは異なる。特に射出速度が速いと**図 3.9** のように、リブを飛び越えるような流動のあと、圧力が上昇してリブに入り込むような挙動となるので、先のような射出速度で解消することはできない。これに関しては、**ゲート位置を変えたり、バルブゲートでは開閉タイミングを変えたり**、という操作を試してみることであるが、金型を製作する以前の流動解析時点で事前把握しておくべきである。また、リブ部の空気の逃げを樹脂が塞いでしまうと、空気が邪魔をして、さらにリブに充填しにくくなる。これは、ガス抜きのところで別途説明する（P71）。

図 3.6 では細いリブの例で説明したが、例えば、**図 3.10** に示すような厚肉部と薄肉部が共存する成形品の場合にも、やはり厚肉部の方が流れやすいために、薄肉部の流動が遅れやすくなる。射出速度が遅い場合、図 3.10 のように薄肉部が右上図のような流れとなると、ガストラップ（ガスが逃げず捉えられる場所）ができて、その部分がショートショットになることもある。こ

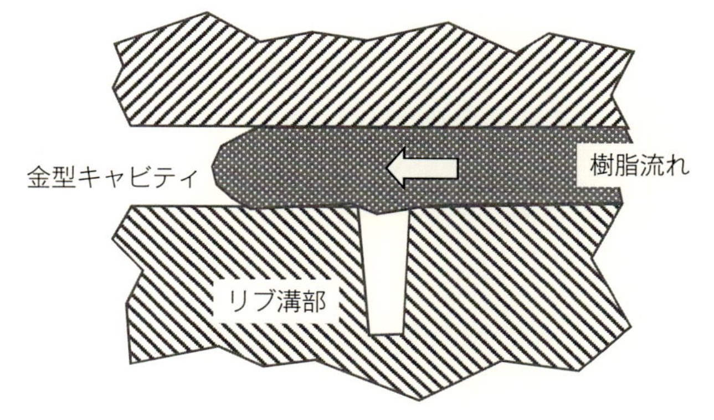

Point!!

リブと直角方向の流動の場合、リブを飛び越えるような流動になりやすい。リブ部のガス抜きも重要である。

図 3.9　リブと直角な流動

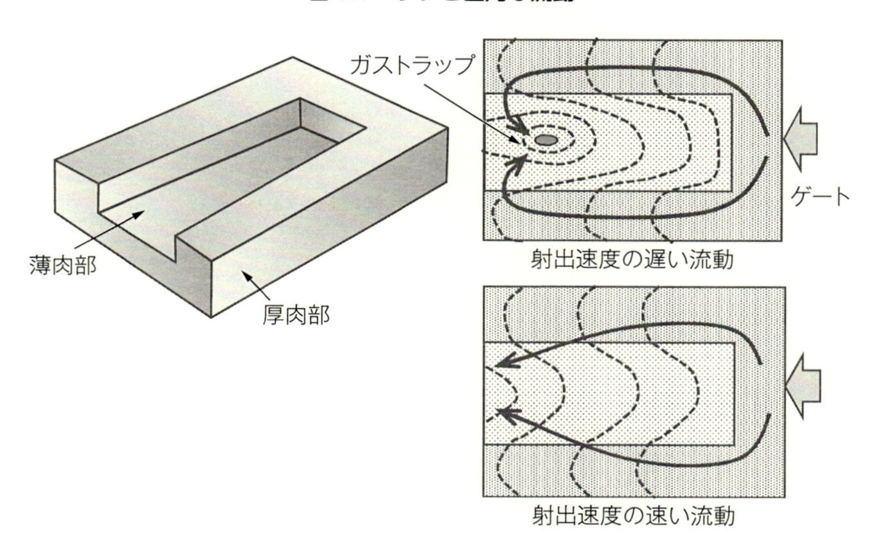

Point!!

右側の上図は射出速度が遅い場合の流れパターン、下図は射出速度が速いパターンのイメージを示す。この違いにより、ガストラップのショートショット部が外部に押し出されていくイメージである。

図 3.10　肉厚差のある他例の成形品の流れ

の場合の対策案も同様で、**射出速度を速くする**と、右下図のように流動状況が変わってショートショットが解消されることも多い。射出速度の違いによる流動パターンは、ウエルドラインにも関係するので、再度そちらでも説明する（P136）。

3.2.2　シャープエッジな角部

角部にＲや面取りがあると、**図 3.11** のように、他の部品と合わせたときに、その合わせ部分が溝となり段差が生じるので設計上許されない場合がある。角部がシャープエッジであることが必要な場合、機械加工や放電加工では出せないので、金型構成上、**図 3.12** のように、2つの面の合わせで作られる。この部分の溶融樹脂流動が、角部を充填しながら動くのであれば問題ないが、角部に向かって流動する場合には、シャープエッジであるはずの角部にＲが成形されやすい。

微妙なＲなため、気が付くことが別部品との組み立て段階まで遅れ慌てることもある。この時点では成形はすでに終わっているので現場確認できず、先の金型設計が疑われ、調べても金型に問題はない、などと言うような話も稀ではない。この原因は、溶融樹脂が流れるとき樹脂速度が速いと、**図 3.13** の左図のように、角部を充填せずに前方に進んでしまい、圧力が高くなって角部に押し込もうとしても表皮温度が低下して角部を転写できないことによ

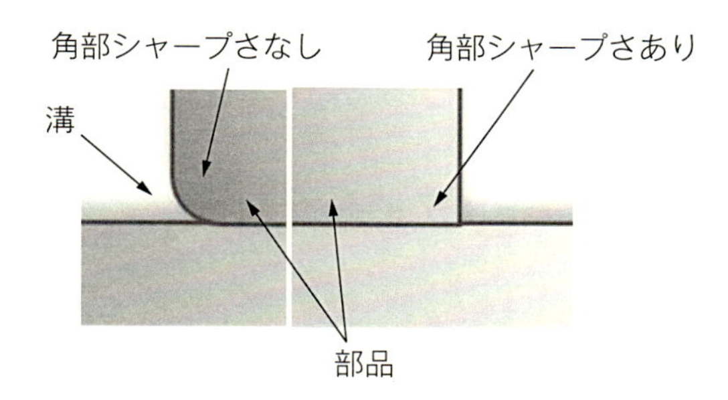

Point!!
角部がシャープである成形品と平面部を合わせたとき、シャープさがないと溝ができてしまう。

図 3.11　組み立て部品の角部

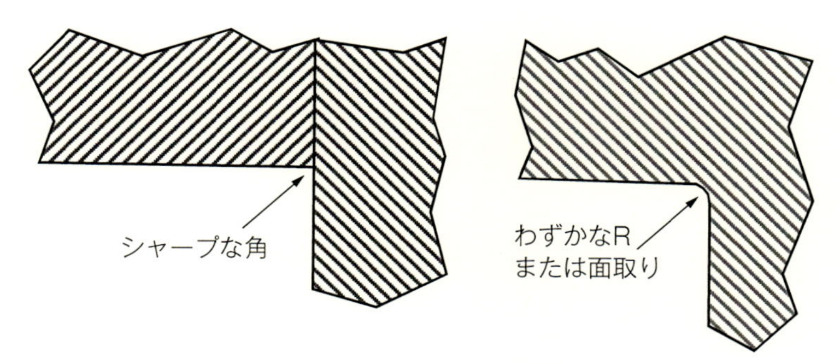

Point!!

Rや面取りのないシャープな角を要求される製品の場合、金型は2面を合わせた構造で作られる。一体で機械加工あるいは放電加工すると、角部がシャープにならない。

図 3.12　シャープな角の製品

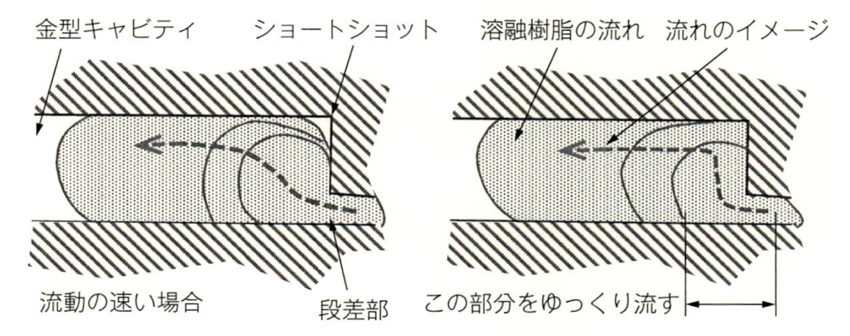

Point!!

段差部を流れる溶融樹脂は、そこでの流動速度が速いと、段差の角部を充填するよりも前方に流れやすい。段差部の流動速度を遅くすると金型壁面に沿いやすい流れとなる。

図 3.13　速度の違いによる流動パターン

る。この角部のある部分をゆっくりと流せば、右図のように、溶融樹脂が壁に粘着するように沿いながら流れるので、角部を先に充填してくれる。角部が充填されれば、樹脂の射出速度は速くしてもかまわない。

このように、遅い速度で、溶融樹脂が金型にまとわりつくような流動をさせて解決することは、他の不良現象対策でも結構多い。

3.2.3 ゲート詰まりによるショートショット

ピンゲートやサブマリンゲートなど、コールドランナーで小さいゲート穴の場合、異物があるとゲートに詰まってショートショットとなることがある。**図 3.14** には、その一例を示すが、多数個取りの１つが詰まってショートショットになっている。例えば、スクリューでの可塑化溶融が不完全で未溶融ペレットが混入するとゲートを詰めたりするし、ノズル先端の固化した樹脂が次のショットでゲートを詰めることもある。また、再生材を使用するときには、カッターの破片や金属ごみなどが詰まりの原因になる。詰まったものが金属など樹脂と違う物質の異物であれば気が付くこともあるが、同じ樹脂の場合、ショートショットの原因がどこから発生しているかは容易には見つからないかもしれない。

まず、スプルー部のノズル側が、**図 3.15** のような切れ方をしている場合には、ノズル側に固化物の切れ端がノズル側に残っている可能性が高い。ランド部でショットごとに切れてくれることが理想であるが、ノズル内部側まで冷えすぎているので、固化部がアンダーカットとなってちぎれて残ってしまう。**ノズル温度を高くする**ことも対策となるが、例えば糸引きなど別の不

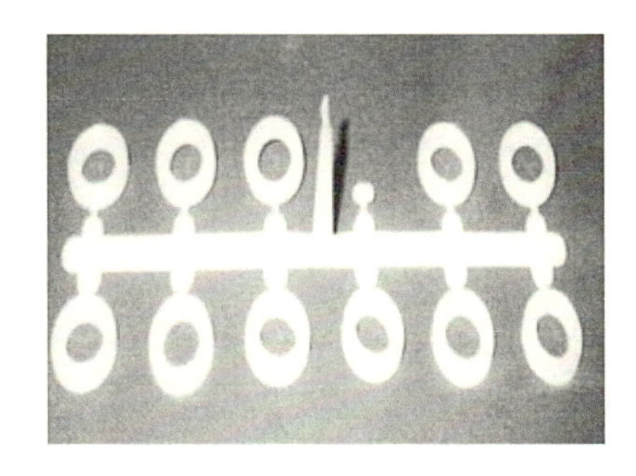

Point!!
小さいゲートでは、溶融樹脂中の異物がゲートに詰まることでショートショットを発生させることがある。異物の原因調査が必要となる。

図 3.14　ゲート詰まりによるショートショット

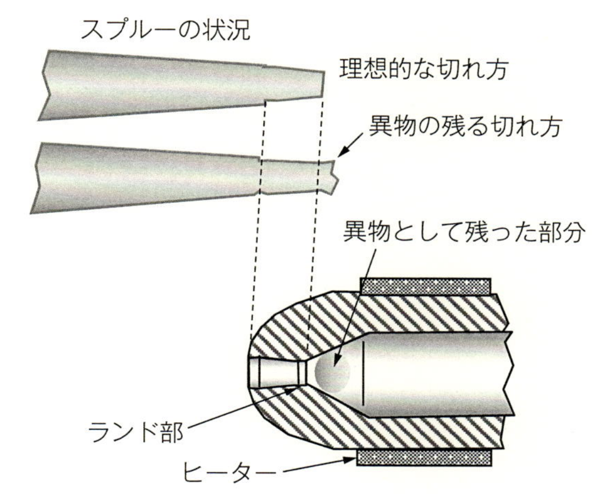

Point!!

ノズル先端部の温度状況によっては、ノズル内部に樹脂の固化部が残り、次のショットに影響を与えることがある。

図 3.15　ノズル先端の残留固化異物

良問題が発生することもある。詳細は、別途糸引きのところで説明する(P194)が、ノズルタッチ成形の場合には、**ノズルと金型のスプルーブッシュ部に紙切れなどで断熱を試みる**ことや**ノズル後退遅延**などを使うことも一案である。**図 3.16** には、ノズル部の切れ方の違いの例を示す。

ノズル先端ではなく、溶融材料自体が未溶融ペレットを混入している可能性がある場合、ノズルを離して、樹脂をパージして、そのパージ状況をチェックしてみよう。スクリューでの溶融が遅れると、未溶融のペレットが混入することもあるからだ。対策としては、**シリンダ温度設定を高くする、スクリュー背圧を上げる、スクリュー回転数を下げる**などが考えられる。シリンダ温度を高くすると樹脂温度自体も高くなることが問題になる場合には、**ホッパー側のシリンダ温度だけを高くすることも一案である。**

3.2.4　穴部のショートショット

成形品に穴のあるような形状の場合、金型側には、穴を構成するピンなど

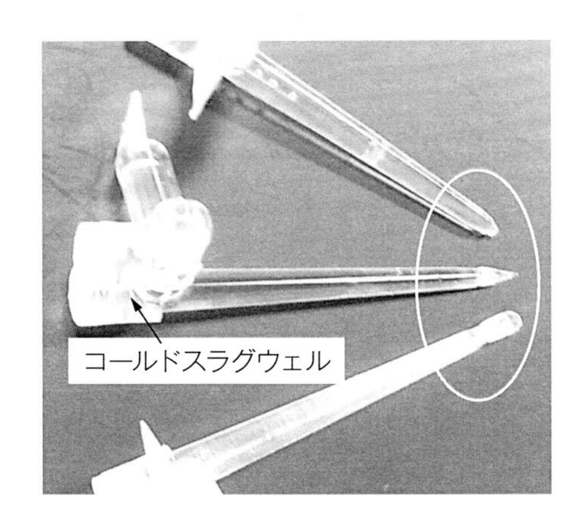

Point!!
ノズル先端の切れ方が安定しないと、コールドスラグウェルがあっても、
ショートショットなど成形のばらつきが発生することがある。

図 3.16　ノズル先端の切れ方ばらつき

がある。溶融樹脂が流れるときに、このピンなどが流動の邪魔をしやすい。特に、この部分での射出速度が速い場合、ピン後方部に樹脂が入り込んでいない空間ができ、これがショートショットとなったり、ウエルドラインとなったりすることがある。ピンなどがインサートで構成されていれば微小な隙間から空気も逃げやすいが、そうでない場合この部分がガストラップとなると、空気がうまく逃げずショートショットになる。ガス逃げ不良については次項でも説明する。

この部分を流れるときの樹脂流動をゆっくりすると、ピンにまとわりつくような樹脂流れとなりやすい。これについては、ウエルドラインのところを参照して欲しい（P137）。

3.2.5　ガス逃げ不良によるショートショット

キャビティ空間の空気が全部樹脂に置き換わることで完全な成形品ができるが、空気が逃げきれないとその部分は空気が圧縮されるだけで完全に置き換わることができず、ショートショットとなる。極端な場合には、このガスが断熱圧縮されて樹脂を燃やして「焼け」の不良となることもある。空気やガスが逃げきれない原因としては、最終充填部にガスベントがなかったり、ガスベントがあっても、ガスが逃げるよりも圧縮される方が早く、ガス逃げの時間が足りなかったりする場合があげられる。**ボスやリブ、段差角部などはエアトラップとなりやすいので、金型製作前に、割り型としたり、ガス抜き用ダミーピンを使うなどの、設計段階での事前検討が大切である**。事前事項については、ここでは省略する。筆者の対策書『射出成形加工の不良対策』（日刊工業新聞社）を参考にして欲しい。

パーティング面に事前にガス抜き溝を作っておき、実際にその部分が最終的にガストラップ部になってくれれば、事前の期待も果たせよう。しかし、その場所が少しずれ、金型のパーティング面でガス抜きが悪い場所がガストラップとなった場合、ガスが逃げきれず**図 3.17** のようにショートショットや焼けになる可能性がある。

このような場合、**射出速度を変更して、ガス抜き方向にずらすことを試みよう。多点のバルブゲートの場合には、バルブゲートを開くタイミングをずらすなどして、最終位置調整をすることも可能**だ。もし、ずらすことができ

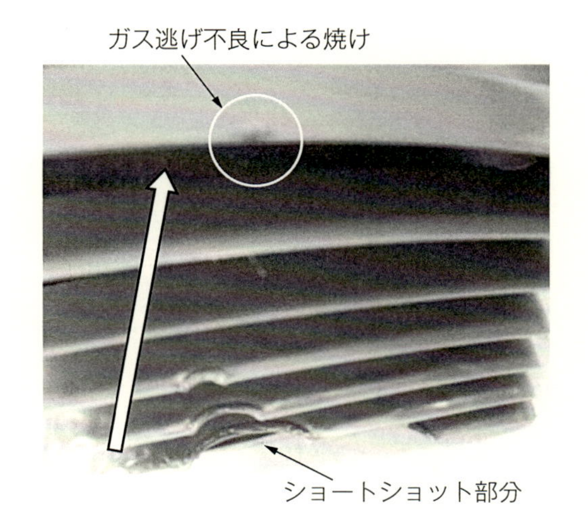

Point!!
ショートショットから徐々に矢印（⇨）のように充填していくと、最終的にガス逃げ不良で焼けが発生している。対策は本文参照。

図 3.17　ショートショットから焼け

ないようであれば、**その他の不良現象対策や寸法調整などで最終成形条件を決めたのち、この部分に10〜20 μmの深さのガス抜き溝を付ければよい**。どの場所に付けるかを確認するには、**パーティング面に薄いテープを貼ってガス抜き溝を暫定的につくる**ことで、どの位置にガス抜きを設置すればいいか効果のある場所を探してみる。

ガス抜きがあっても、この部分でガスを逃がす時間も必要である。ガス抜き用の隙間が小さい場合には、充填間際の射出速度を遅くすることが効果的である。射出速度を遅くする方法としては、射出速度自体を遅くしてもよいが、徐々にガスは圧縮されて容積も小さくなってくるので、充填速度も徐々に低下していく形が望ましい。**充填間際の圧力を下げて圧力制御にすることによって射出速度を徐々に遅くする**方法が効果を発揮するところである。この方法については、射出工程で多段圧力が使える場合には、射出の最終段階の圧力設定を使うこともできるし、保圧工程であれば、最初の保圧を使うこともできる。圧力制御による速度低下の図については、すでに述べており重複するので省略する。

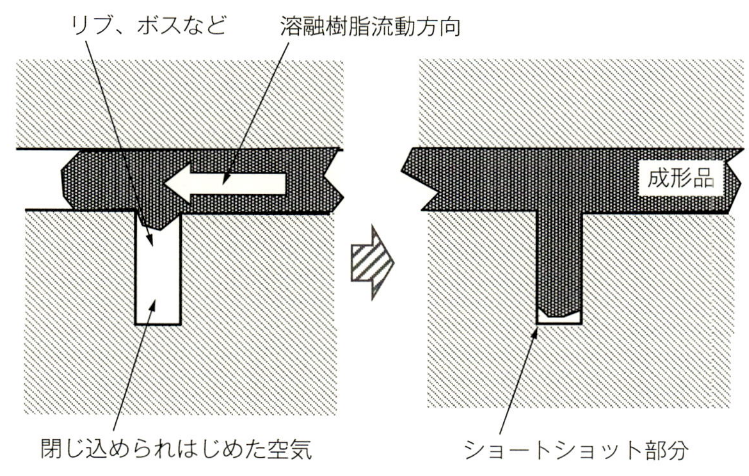

図 3.18　ガス抜き不良によるショートショット

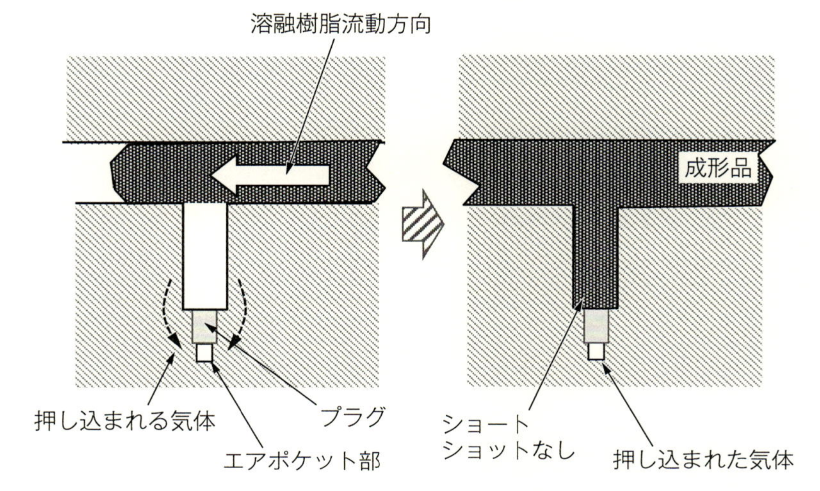

Point!!

ガス逃げは、完全に外部まで接続する必要はない。ガスが圧縮されて逃げ込むポケットを設けてもショートショットは解消される。

図 3.19　ガス逃げポケット

図 3.18 のように、ボスやリブなどの部分は、ガスや空気が閉じ込められやすいので、通常は事前設計で、インサート式や割り型にするなどの配慮が必要である。しかし、出来上がった金型でガス抜き不良が発生してショートショットが解消できない場合もある。この場合、大きな金型改造となると時間もかかってしまうが、**図 3.19** のように、ガス抜きをしたい場所に穴を開け、ここにピンを打ち込むことでもガス抜きは可能である。ガス抜きは金型の外部まで接続する必要があると思い込んでいる金型メーカも多い。しかし、ガスや空気が閉じ込められて圧縮されてでも気体が入り込む場所さえあればよいのである。この圧縮された気体は、成形品を取り出すときには解放される。ただし、ガス汚れ時の清掃の方法には考慮が必要だ。

第4章
ヒケとボイド

ヒケとボイドは、樹脂が収縮することが原因で発生する。**図 4.1** と**図 4.2** は、結晶性と非晶性の樹脂の PvT 線図である。横軸は温度（T：Temperature）、縦軸は比容積（v：Specific volume）であり、グラフ中の数本の線は圧力（P：Pressure）の異なる状況下での樹脂の状態を示している。結晶性、非晶性についてはここでは説明は省略するが、この PvT 線図の示していることを簡単に説明すると、取り出された成形品の比容積は、1 気圧（常圧）常温の状態のところになるが、成形中には、樹脂温度も樹脂圧力も高い状態にある。圧力が高いとは言え、常温常圧状態よりは比容積が大きく膨らんでいる状況なのだ。すなわち、この膨らんだ比容積分は、最終的には常温常圧の状態まで収縮することになり、この収縮分がヒケやボイドとなる。

通常の簡単なヒケであれば、**図 4.3** のように、保圧を高くする程度で目立たなくはできるが、ここではいろいろと厄介なヒケやボイドについて考えてみよう。

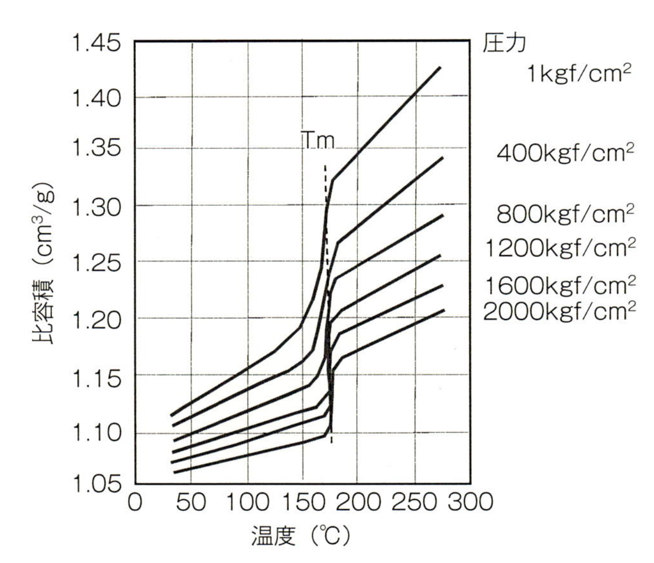

Point!!

結晶性樹脂の Tm の線は、融点を示す。
温度が高くなると膨張し、圧力を加えられると圧縮される様子を示している。

図 4.1　結晶性樹脂ポリプロピレンの PvT 線図

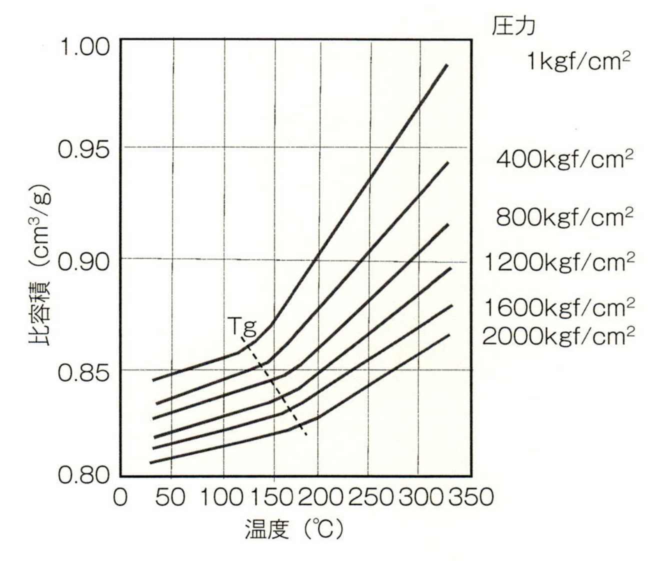

Point!!

非晶性樹脂のTgの線は、ガラス転移点温度を示す。
温度と圧力による影響は、結晶性樹脂の場合と同様である。

図 4.2　非晶性樹脂ポリカーボネートの PvT 線図

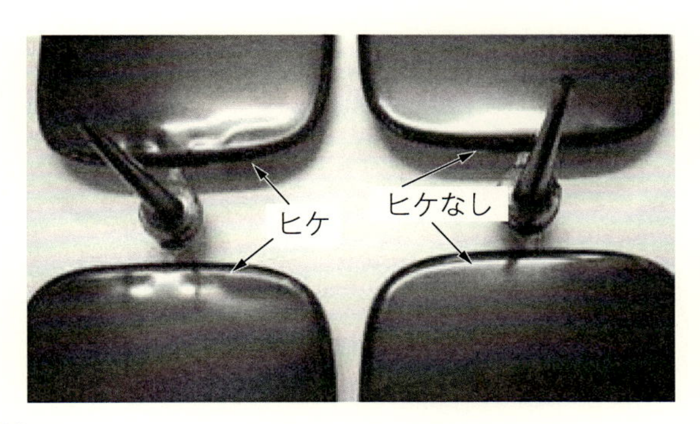

Point!!

圧力が低い部分は、収縮率も大きくなりヒケも目立つ。基本的には保圧を高くしてヒケ対策をする。

図 4.3　基本的ヒケ対策例

4.1　ヒケとボイドの違い

まず、ヒケとボイドを概念的に理解するために、**図 4.4** に、卵状の厚肉形状品の収縮例で説明しておく。ほかほかの熱い状態の卵体が、等方的に（全方向に同じように）収縮してくれれば、相似形で少し小さな卵状となるであろう。しかし、ゆっくりと冷却が進むと、表面の表皮も柔らかい間、内側に引っ張られるように収縮して、表面をへこませる。これがヒケである。

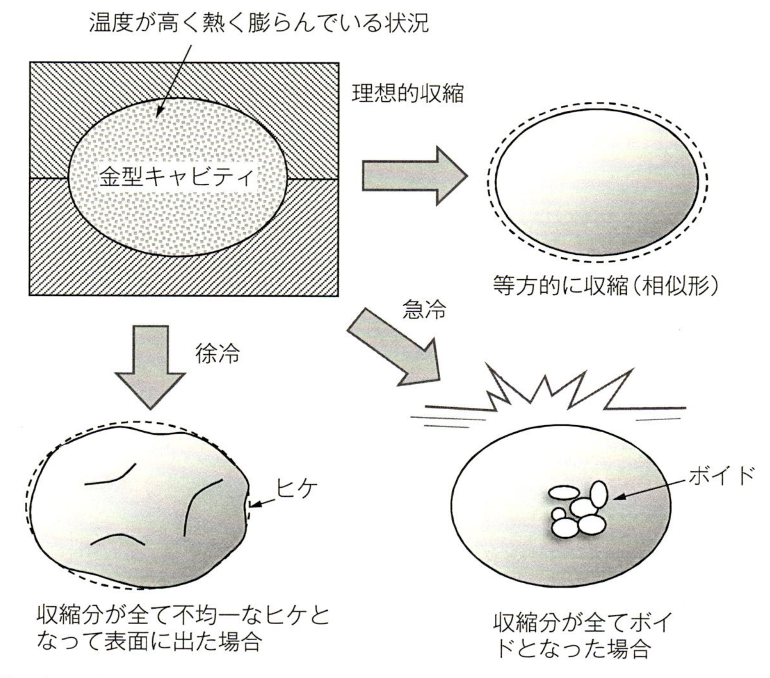

図 4.4　卵形状体の収縮

もし、まだ熱く卵状を保っている状態から、水に投入して急冷すると、表面が強固に固化する。すると、表面を内側に引っ張り込むには表皮が強くなり過ぎているので、収縮分は内部に現れて気泡を作ることになる。これがボイドである。ここでは、わかりやすいように水中で急冷した例で説明したが、急冷でなくとも表皮の強度とのバランスで、ヒケとなったりボイドとなったりするのだ。

4.1.1 ヒケとボイドの基本対策

ヒケもボイドも樹脂が収縮することにより生じるので、基本的な対策方法としては、収縮をなるべく小さくすることになる。しかし、射出後の高い樹脂温度状態で、常温と同様の比容積にまで圧縮しようとすると、300 MPa でも足りず、通常の射出成形機ではできない。超高圧だけで収縮をゼロ近くまで小さくすることは難しい。すなわち、**低い温度状態でなるべく圧力を高く充填して、なるべく収縮率を小さくする**ことが基本対策となる。

図 4.5 には、直径約 70 mm 程度の PMMA の球状の肉厚成形品でボイドがある例、**図 4.6** には、ボイドもヒケもない成形品を示す。通常だと、これだけ肉厚の成形品では、表面がべこべこにヒケるか、あるいはボイドを発生させる。これは、通常の射出成形とは少し異なるが、すでによく知られた成形方法の１つであるフローモールディングとも呼ばれる方法で、低い樹脂温度、高い保圧を使ったものである。通常のスクリュー・シリンダーだと、この大きさの成形品では射出容量が足りない。また、もし足りたとしても、計量ストロークが長くなり過ぎて可塑化温度も不均一となる。

この成形方法は、次のようなものである。

スクリューを後退させないように背圧設定を高くして、スクリューは最先端で、**240 ℃程度でぎりぎり溶融している低温でゆっくりと可塑化押出ししながら金型に樹脂を送り込む**。そのとき、金型に接した樹脂が金型表面を転写してくれるように、**金型温度は 80～100 ℃程度に高く**しておく。そして、金型キャビティが押出した樹脂で満杯になると、スクリュー背圧が保圧となって、冷却に伴う収縮分を補いながら、スクリューは徐々に後退する。ゲートから樹脂が補充されている間、ゲートは固化しないが、そのうち背圧だけでは圧力が足りなくなる。**ゲートが固化する前に、スクリューが後退したあ**

Point!!
金型に接している部分から冷却固化が進むので、最終的に最も温度の高い中央部に収縮が集中してボイドとなる。

図 4.5　ボイド例

Point!!
樹脂温度を低く、圧力を高くすることで解消したヒケとボイド。

図 4.6　ヒケ・ボイドなし良品

る位置から保圧に切り替える。その場合、ゲートが固化しそうになると、ゲート部の樹脂を動かすように、**徐々に多段で保圧を高くしていく**という方法である。低温の溶融樹脂を金型に押し込む間に樹脂は金型に接している側から徐冷されるが、温度が下がってくることは、比容積が常温状態に近づいていくことになる。内部には新しい溶融樹脂が噴水流式に押し込まれ、満杯になると内部から高い圧力をかけながら冷やしていくのである。樹脂温度や金型温度は一例であり、使用樹脂グレードによっても異なる。

4.1.2　ヒケの深さと見え方

ここで、収縮は成形品の片側だけに発生してボイドは発生しない場合を考えてみよう。成形品でヒケが問題となるのは、厚肉部やリブ、ボスなどの部分が多い。そこで、1つの例として、リブのある成形品を取り上げてみよう。

リブがない平板の場合で、表裏とも冷却が同じであれば、収縮はしても、収縮の不均一はないのでヒケは目立たない。しかし、**図 4.7** のように、裏側

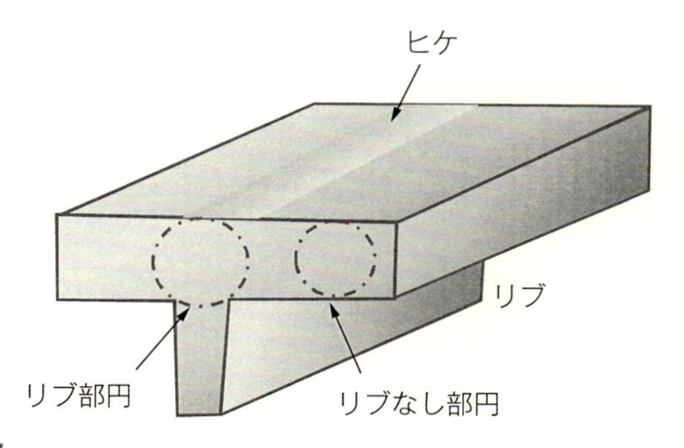

Point!!

リブのない部分は金型に接して冷やされるが、リブ部は金型に接していないので冷却が遅れる。
リブが厚いほど、上図のリブ円とリブなし部円の直径差は大きくなる。

図 4.7　リブ部のヒケ

にリブが付くと、このリブ部分は余計な樹脂が増えるので、表側よりも冷却が遅れる。結果として、この部分は周辺に比較して温度の高い部分が残ることになる。

この部分をリブ部とリブのない部分で円を作くって考えてみよう。リブのない部分の円に比べて、リブ部の円は大きくなる。すなわち、概念的に直径が大きくなるので、この直径の差分が収縮量（ヒケ量）に関係してくると考えるとわかりやすい。結局、ヒケ量、すなわちヒケ深さは、この長さの差と収縮率の積となり、**リブの厚さが薄いほど、また収縮率が小さいほど小さくなる**。すなわち、同じ形状の成形品を成形した場合、収縮率の小さい材料ほどヒケ量は小さく、ヒケが目立ちにくくなる。

表 4.1 には、材料別の収縮率の参考値を示しているが、非晶性の材料は、結晶性の材料よりも収縮率は小さいので、同じリブ太さでもヒケが目立ちにくい（収縮率は、条件によって異なった値となることには注意が必要）。**リブ、ボスなどの製品設計時には、この関係をよく理解しておくことが重要**である。ヒケの目立たないリブ厚さとして、結晶性樹脂の場合基本肉厚の 40 %以下、非晶性樹脂の場合 50 %以下などと言われる目安は、この考え方からきているが、例えば、同じ結晶性樹脂でも、収縮率の大きい材料のヒケは目立ちや

表 4.1　樹脂別収縮率（例）

樹脂名	GF 有無	収縮率（%）
ABS		0.4～0.8
	GF	0.1～0.2
○　PP		1.0～2.5
	GF	0.2～0.8
○　HDPE		1.0～4.0
○　LDPE		1.0～3.0
PMMA		0.1～0.4
○　PA6		0.5～1.5
	GF	0.3～0.5
○　PA66		0.8～2.0
○　POM		1.0～3.0
	GF	0.4～1.8

Point!!

ガラス繊維（GF）なしの場合、結晶性の樹脂（○印）は、非晶性の樹脂に比較して収縮率が大きい。また、ガラス繊維（GF）や増量剤などの添加物によっても収縮率は小さくなる。成形条件的には収縮率は保圧が低い場合にも大きくなる。

すい。また、実際に、ヒケが目立つかどうかは、成形品の色や表面状態によっても影響を受ける。収縮率を小さくする方法としては、図 4.3 に示したような、圧力（保圧）を高くする方法が基本で簡単であるが、実際には、保圧を高くすると、カジリが発生したり寸法が大きくなるなどの他の問題が起きてくるので、保圧だけでは解決できないことが多い。そのため、通常は、ヒケ対策として保圧以外の別の方法も併用した解決案が求められるので厄介なのである。

鏡面磨きなどの場合には、ちょっとしたヒケでもはっきりと目立つ。また、材料の色彩や光沢度の違いによっても、ヒケの目立ち具合は違ってくる。特に、ピアノブラックと呼ばれる鏡面の黒色などは成形品に映る光の歪みなどでもヒケが目立つ。逆に荒れた面は光の乱反射でヒケが目立ちにくくなる。同じヒケ深さであっても、視覚的に見えやすく目立ちやすいケースと、見え

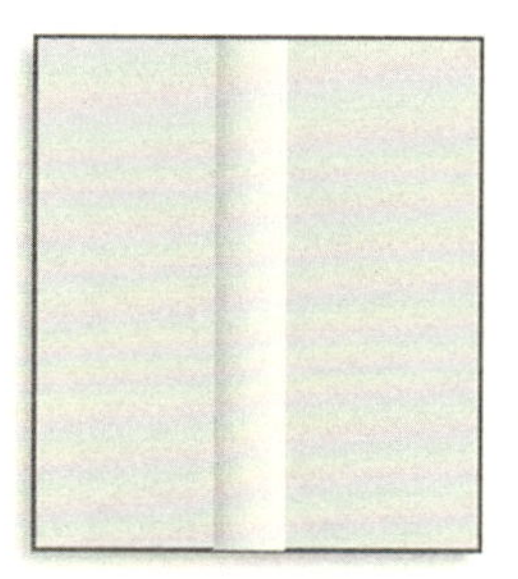

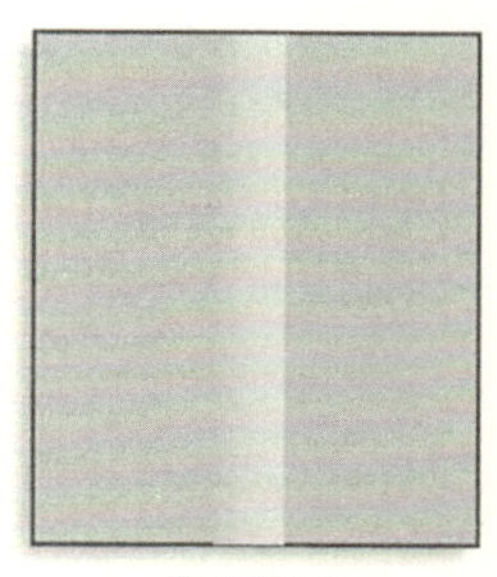

色の違い　　シボの有無

Point!!

同じ深さのヒケ（中央部）であっても、表面の艶や色、シボの有無によって見え方が異なる。

図 4.8　ヒケの見え方

にくく目立ちにくいケースがある。

図 4.8 にはイメージを示すが、シボが付く前にはヒケが目立っていても、シボを付けるとヒケが目立たなくなることも、その１つである。すなわち、**許容公差内での色や光沢、磨き調整などでもヒケの見え方を変える**ことも対策手段となる。

4.2　いろいろなヒケ・ボイドの対策方法

成形条件によって、ヒケをボイドに変えたり、ヒケの位置を表から裏に移動させたり、ということも可能である。しかし、思ったようには簡単にいかず、ちょっと成形条件を変更すると何かのきっかけで突如状況が急変し、原因に困惑してしまうことがある。ここでは、ヒケとボイドについて、いろいろなケースを見てみよう。

4.2.1　ヒケの発生する方向の制御　―その 1―

(1) ヒケとボイドの移動

ヒケやボイドは、成形品が冷却するときに、比容積の変化状態が場所によ

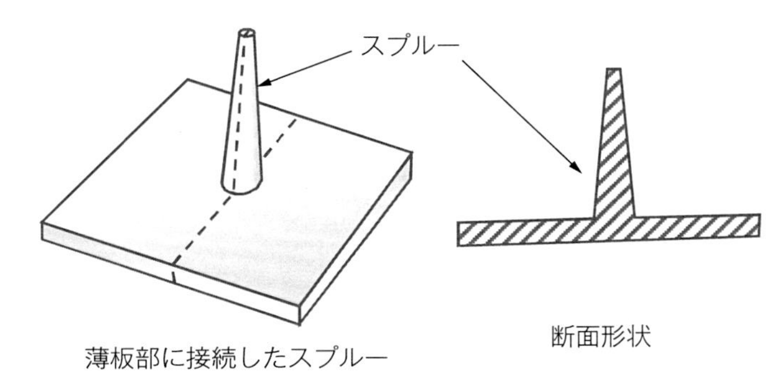

図 4.9　薄板部に接続したスプルー

って不均一なことが発生する原因であった。このような現象は、とくに肉厚差のある成形品では顕著であることは理解できたであろう。

次に、先ほどのリブ例と似たような断面形状ではあるが、リブではなく、ダイレクトゲートで、太いスプルーが成形品に直接付いている**図 4.9** のような成形品を例にとる。これも肉厚差が顕著なので、肉の厚い部分は冷却が遅れて収縮が大きくなる。この場合、収縮がどこに発生するかのケースを**図 4.10** に示す。これは金型温度と関係している。金型温度が低いと、金型に接して冷えた固化層が厚く強固となり、金型温度の高い側は固化層も薄く弱い。そのため、金型温度の高い方に収縮が発生しやすくなる。両側とも温度が低くなって表皮が強固になると、収縮は内部に発生せざるを得ずボイドとなる。すなわち、金型温度の違いによって、スプルーの反対面のヒケからボイド、そしてスプルー側へのヒケと移動しているのである。基本的なヒケの対策としては、**ヒケを小さくしたい側の金型温度を反対側よりも相対的に低くすることである**。

(2) ボイドから裏のヒケへ

図 4.10 の①のヒケは不良であり、同図②のボイドは**図 4.11** のように、スプルーを切断すると穴となってしまうので不良とされる。図 4.10 の③のように、安定してスプルーがヒケてくれることが望ましいのだが、ここから気を

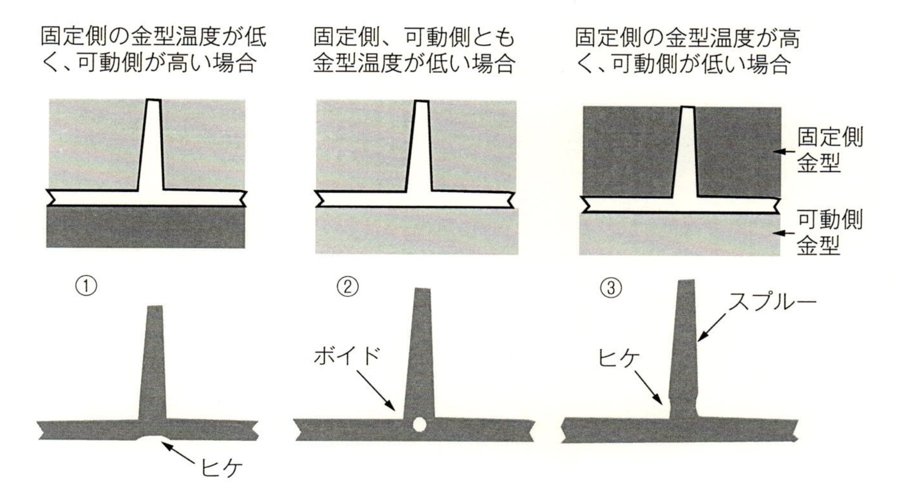

Point!!

金型は濃い色が温度が高いものとしている。
収縮は、固化した表皮が弱い側にヒケとなって発生しやすい。両面の表皮が強固な場合、収縮はボイドとなって発生する。

図 4.10　金型温度とヒケ、ボイドの関係（概念）

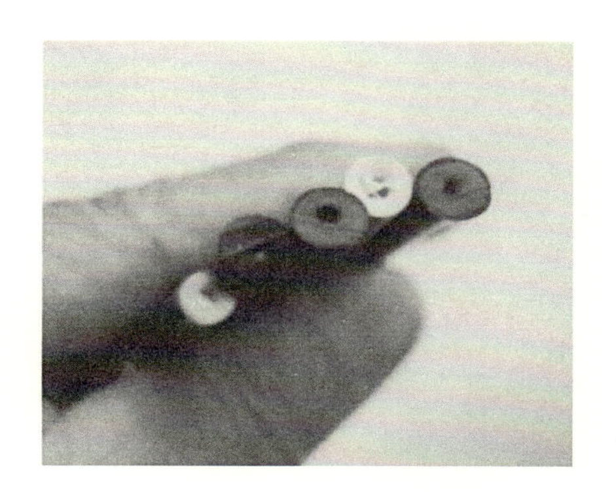

Point!!

スプルー部を切断するとボイドの片側が残っている。製品側にもボイド穴は残る。

図 4.11　スプルー部のボイド

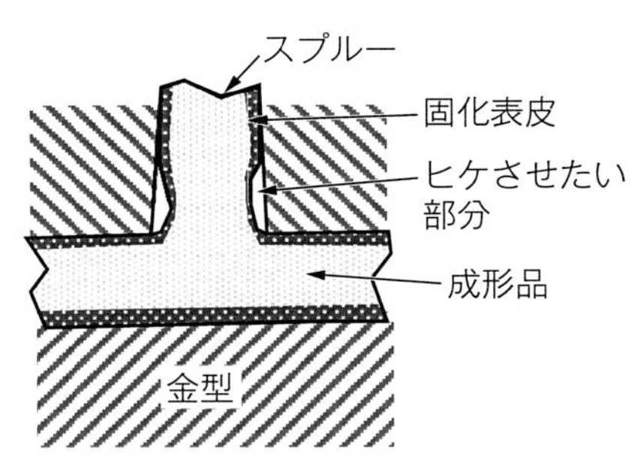

Point!!

成形品部にボイドやヒケを作らないために、成形品の裏の部分、スプルーの根元を収縮させる。

図 4.12　スプルー部のヒケさせたい部分

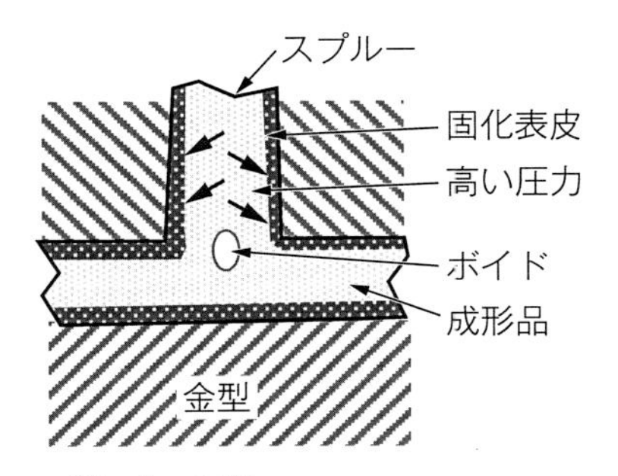

Point!!

固化表皮を強く金型に押し付けると、表皮の冷却固化が進行し固く強くなるため、収縮が内部に生じてボイドとなりやすい。

図 4.13　スプルー部のボイド

付けなければならないことがある。ヒケをボイドとし、そのボイドを動かして、スプルー部側にヒケを出したい。しかし先に説明したような、金型温度の基本対策である成形品表面側の金型温度を高く調整しても、なかなかボイドが消せない。そこで、ついつい収縮率自体を小さくする対策案である保圧を高くするがそれでもボイドは消えない。逆にボイドが大きくなったようにも思われる。

ここで、保圧を高くするとボイドが逆に大きくなることに気が付くことが大切なポイントなのだ。それは、**図 4.12** のようにスプルーの根元部表皮を金型から剥がしてヒケさせたいのだが、保圧が高いと**図 4.13** のように表皮を金型に押し付けてしまう。そして、固化層が金型から離れず密着するために冷却されやすくなり、固化層が強固になってしまうのだ。その結果、収縮分はヒケではなく、ボイドとなりやすい。

(3) ボイドから裏側ヒケへ

そこで、**ヒケを発生させたい部分の圧力を下げて、早めに金型への密着を緩める**のである。すなわち、**成形品に必要な保圧をかけたあとは、スプルーの表皮が厚くならないうちに圧力を下げるべく保圧を低下させて肉厚部をヒケ**

させる。スプルー部なのでノズルに近く、保圧を下げても圧力は低下しやすい。

ちょっと解説

このボイドの問題は、金型に接した樹脂を意図的に金型から離すような条件として冷えることを遅らせる方法である。しかし、冷え方が遅れることによって発生する別の成形不良問題として糸引きやシボの転写問題などがある（後述）。

4.2.2 ボイドで隠す方法

このスプルー部にボイドを作る方法と同様成形品部にもボイドで対策する方法もある。

着色された成形品で、内部にボイドがあってもヒケさえなければ、品質面で問題のない製品もある。**ヒケではなくボイドが選択肢にある場合、強制的にボイドにする方法**である。金型に樹脂が接していると表皮が厚く強固になるのでヒケずにボイドとなりやすかった。雑貨品などでは、最初に説明した水冷のように、**成形品の表面が形を保持している間に、水中に落とし込んで急冷する**ことも行われる。図 4.14 にその例を示す。

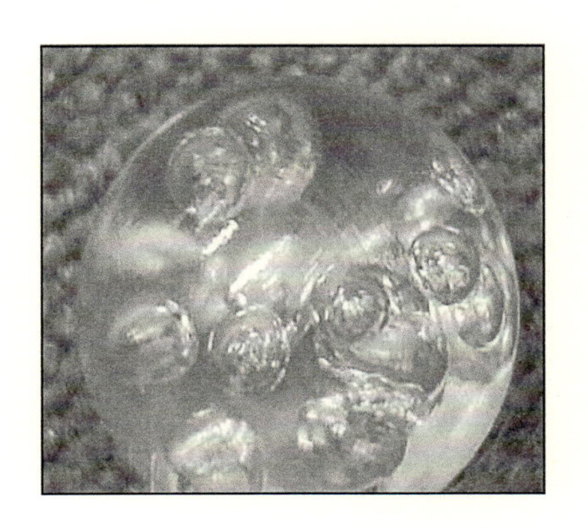

Point!!

表面形状を確保するために、成形品がまだ熱いときに取り出して水中強制冷却した雑貨品。

図 4.14　強制冷却品

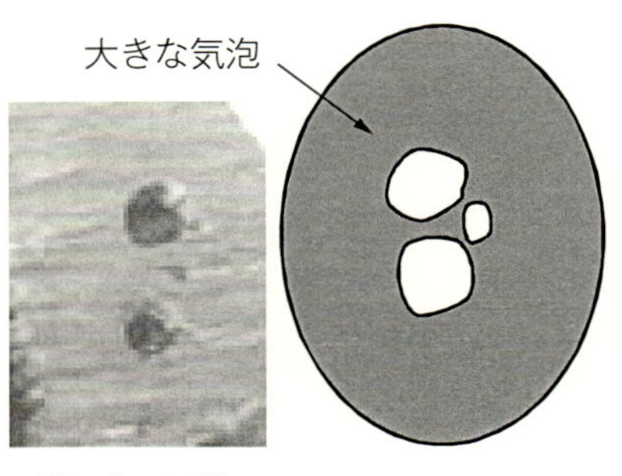

Point!!

高い保圧で表皮を強固にしてボイドにした肉厚品。大きい気泡となっている。

図 4.15　高い保圧のボイド品

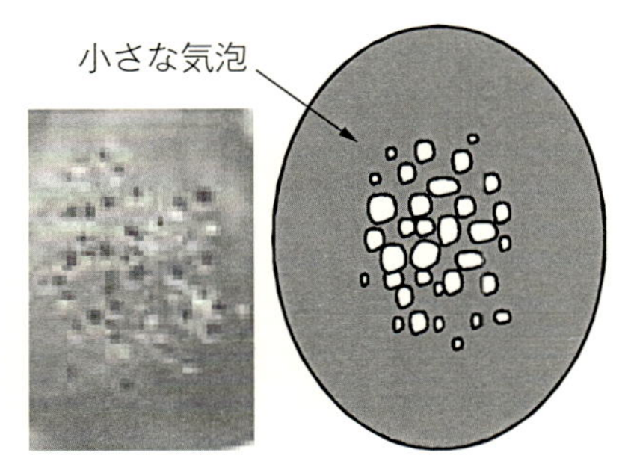

Point!!

微量の化学発泡剤をボイドの核剤として使用した肉厚品。高い保圧は気泡を潰してしまうので発泡効果がなくなる。

図 4.16　化学発泡使用のボイド品

図 4.15 には、**肉厚着色品を低い金型温度で、高い保圧をかけて表皮を固めてボイドにした**断面図を示す。ボイドは大きな気泡となっている。図 4.16 は、小さな気泡が中央部に集まっているが、これは**化学発泡剤を銀条が発生しない程度の微量を混入して、ボイドの核剤の代わりに使った**ものである。ただし、この場合は、**保圧を高くすると小さな気泡が潰れてしまうので**、図 4.15 とは違って**保圧は高くはできない**。ヒケの対策にはなるが、保圧を高くできないので寸法は小さくなってしまい、寸法許容値が厳しい成形品には使えない。

ちなみに、化学発泡剤でボイドの核を作る代わりに、穴の開いた針で厚肉部に 20 気圧程度の空気を送り込むことで、ボイドの核とする成形法は古くからも知られている。厚肉部に 200 気圧程度の高圧の気体を送り込むことでヒケの対策をするガスアシスト成形と似てはいるが、気体の圧力の大きさが異なる。しかしいずれにしても別途装置と事前の金型設計が必要である。

4.2.3　ヒケの発生する方向の制御　—その 2—

ここで、もう少し突っ込んでヒケのできる原因を考えてみよう。

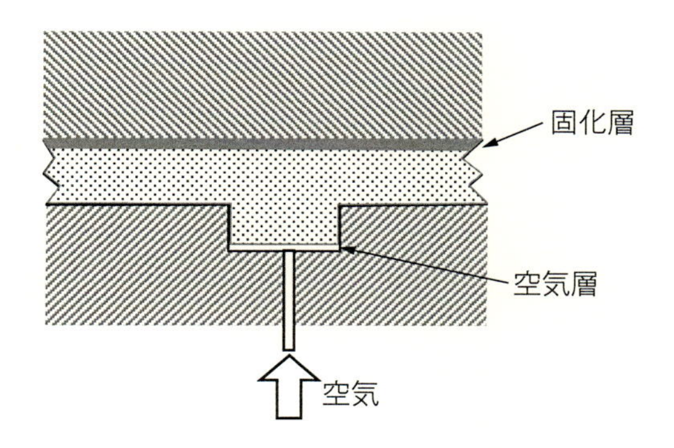

Point!!

裏面に空気などの気体を注入して、樹脂と金型面との間に断熱層を作ることで、表皮を薄くしてヒケを裏面に誘導。

図 4.17　コア側から注入する空気

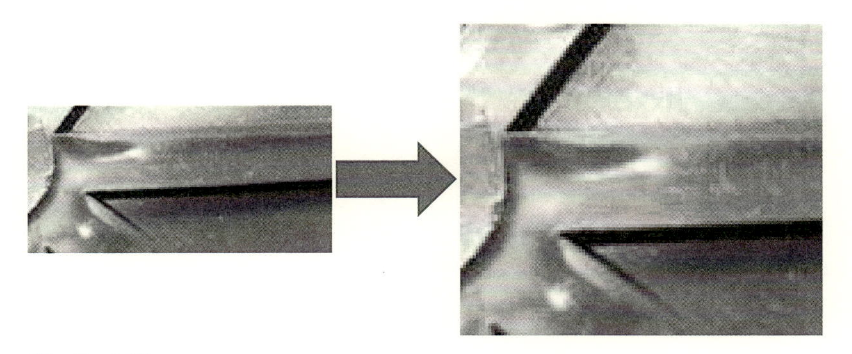

Point!!

裏面のリブ側にヒケを誘導した例。

図 4.18　リブ裏面のヒケ

これまでのところでは、ヒケは金型面から樹脂が離れた側は、固化層も弱く、収縮により引っ張られて生じるのであった。一旦ヒケると、樹脂も金型面から離れてヒケやすくなることも説明した。

そこで、**図 4.17** のように、片側に強制的に空気を送り込み、金型と接触させないようにして冷却を遅らせるという方法もすでに知られている。これは空気で浮いた側がヒケて、その反対側がヒケないという成形法である。こ

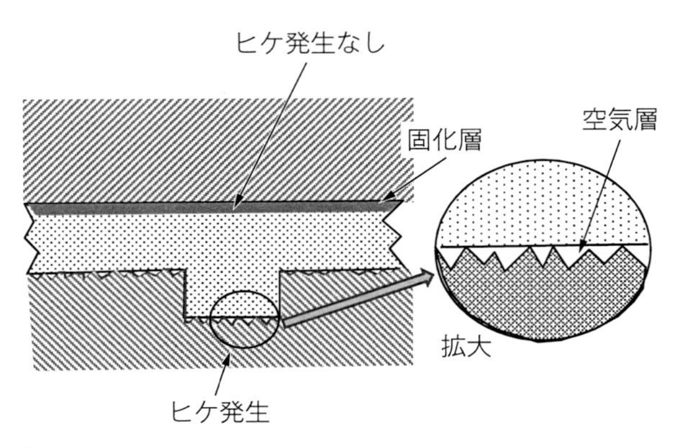

Point!!

微細に荒れたコア面では、荒れた部分の凹部に空気層が形成され、これが断熱層として作用する。これによりヒケが裏面に発生。

図 4.19　荒れた面による空気断熱

の例を**図 4.18** に示す。ただ、この方法にも高圧ガスの発生装置が必要であり、金型を改造する必要もあるので、簡単にできる対策案ではない。

そこで、この空気層を利用する案として、金型面を微妙に粗くする方法が考えられるであろう。**図 4.19** のように、**キャビティ表面が微妙に凹凸のあるザラザラした面**であった場合、この面に溶融樹脂が流れ込み、この凹の部分に空気を残したまま充填されると、この空気の部分は、図 4.17 の空気層と同じような断熱層の働きをしてくれる。この場合、**ヒケは粗くした面に発生しやすく、反対側はヒケにくくなる。**しかし、この成形条件の調整は微妙である。ここから正反対となる場合を説明するので、この違いをよく理解して欲しい。

先ほどは、凹部に空気が残る場合で説明したが、同じ金型でも、保圧を高くするとどうなるであろうか？　図 4.19 の空気層は圧縮されて、**図 4.20** のように先ほどの粗くした面に樹脂が食い込むようになり、樹脂が金型面に接する面積が増加すると、空気層の断熱効果が期待できなくなる。そうなると、今度は全く逆に、この粗くした面がアンカーのように樹脂を離さないような効果を発揮し始める。すなわち、**保圧を高くすると、ヒケは先ほどとは逆に、この粗くした面の反対側に発生する**。

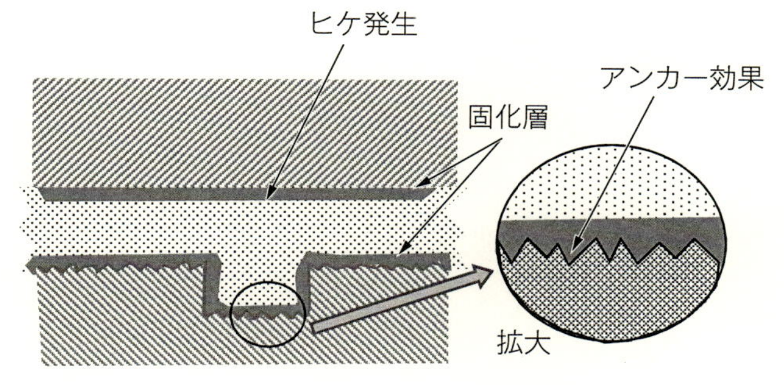

Point!!

保圧が高くなると、荒れた面に樹脂が押し込まれて、この部分がアンカー効果を発揮することになる。この場合ヒケは反対側に発生する。

図 4.20　荒れた面への樹脂の食い込み

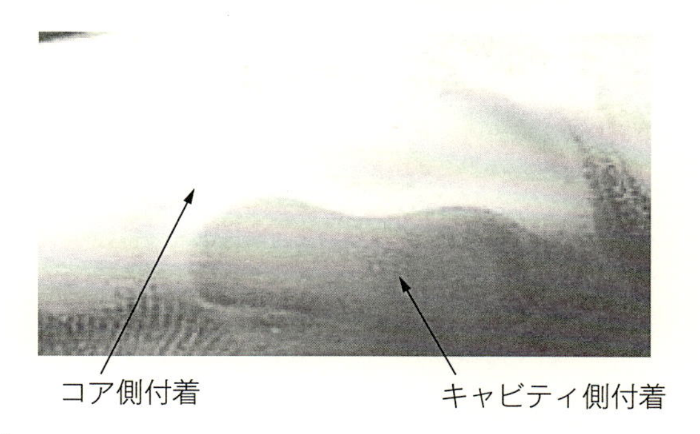

Point!!

金型表面状態と成形条件の微妙なバランスで、金型内での肉厚方向の収縮が違ってくる例である。

図 4.21　キャビティ面とコア面の付着状況

金型表面状態と成形条件の関係によって、ヒケの発生する方向が変わってくるのだ。**図 4.21** に示す例は、ヒケがむら状になっている。これは、ある保圧状況で、樹脂が金型内で冷却収縮するとき、キャビティ側に付いて収縮したところと、逆にコア側に付いて収縮した結果生じたむらである。これは、シボ加工する前と後とで、かじり具合が違ってくる場合や、シボの形状によっても、ヒケ状況が違ってくることの１つの原因でもある。

シボの不具合のところで再度説明するが、シボ前にはコア側に収縮していたものが、シボ後にキャビティ側に収縮しやすくなり、いろいろなシボ問題となることもある。このような場合には、コア側に収縮させる別の手法が必要となる。

コア側に成形品を収縮させる（収縮時、コア側に引っ張り込む）とどうなるかを事前に試す方法として、目の粗いサンドペーパーをコア側に貼り付けるやり方がある。

現場で簡単に試すことはできないが、メッキやフッ素加工処理などを施すと、樹脂と金型との密着度が変わってくるので、これらもヒケの発生する方向に影響を与える。エラストマーなどの場合、金型を磨き過ぎると、吸盤効果により離型性が悪くなり、キャビティ側に成形品が密着して、ヒケ方向が変わることがあるので注意が必要だ。このような場合は、**表面を少し荒らすようにする**。

4.2.4　ヒケの発生する方向の制御　―その3―

ここまでは、金型に熱を奪われることで固化層が厚く強固になるか、薄く弱くなるかによって、ヒケの発生する方向が動く説明であった。その原因は、金型温度や断熱層、アンカー効果などだが、エラストマーの場合はちょっと違って、密着性によるものであった。

金型温度がある温度以上になった場合にも、これに似た挙動が発生することが知られている。1つの例を考えよう。この樹脂は、ある温度以上になると、柔らかく、感覚的にはネバネバしてくるが、その温度以下の場合には、ネバネバさはなくなる。ネバネバさがある場合には、金型に密着するが、ネバネバさがなくなると密着しにくくなる。前に、保圧の高さによって、金型の凹凸面がアンカー効果になる話をしたが、ここでは、ネバネバさが同じような状況を与えるのである。ネバネバという言葉には語弊はあるが、非晶性樹脂のガラス転移点温度が、このネバネバ状態に変化を与える。この概念を**図4.22**に示す。

表面が鏡面の家電製品や自動車部品などで、成形時、金型温度を高くして表面転写性をよくしたあと、金型を冷却して製品を取り出す成形方法が知られているが、**これらの製品表面にヒケが目立たないのは、この原理**である。

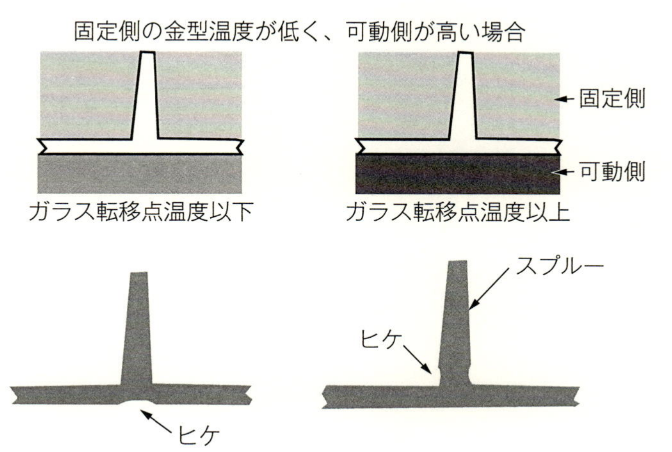

Point!!

すでに金型温度の高い側にヒケが発生することを説明したが、ガラス転移点温度以下か以上かによっても、ヒケの方向が違ってくる。

図 4.22　金型温度とガラス転移温度

この**急加熱急冷却成形法でヒケがよくならない場合、加熱時にガラス転移点温度以上になっているかどうかをチェックする**。

4.2.5　形状によるヒケ対策

ヒケを目立ちにくくする設計形状として、例えばボスであれば、**図 4.23** のようにボス回りに肉薄の形状を作ることはよく知られている。しかし、ここでよく現場で問題となるのは、この部分の変形が大きく醜くなって逆効果

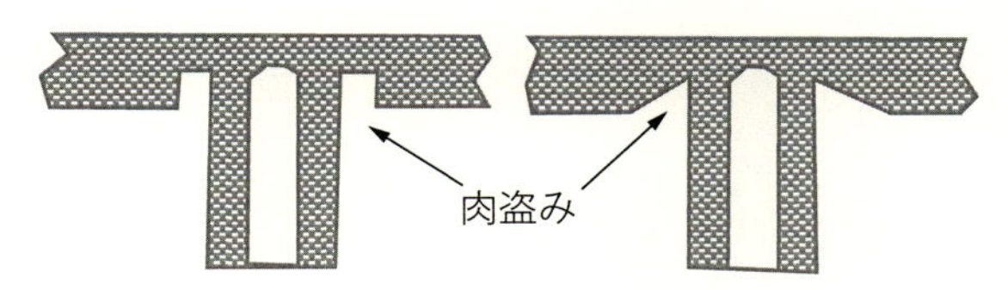

Point!!

ヒケ対策として、ボスやリブなどの根本の肉を薄くする設計方法がある。

図 4.23　ボス部肉盗み（断面図）

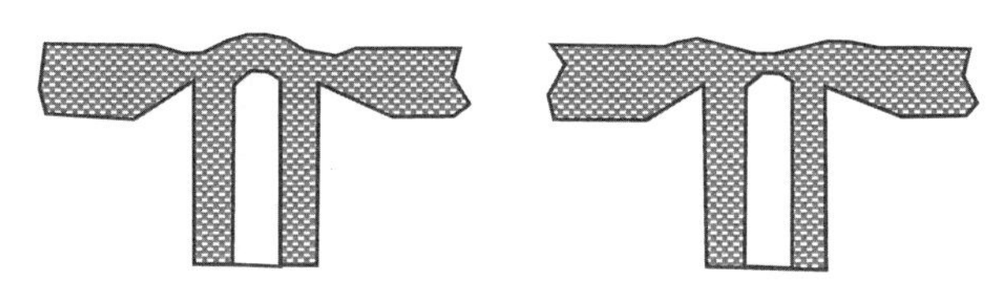

Point!!

この部分の肉盗み形状と成形条件のバランスによっては、この図のようにヒケ状況が悪化することもある。
成形条件を調整したあと、肉盗み部を微調整することで最良状態を探る。

図 4.24　ボス部ヒケ悪化

になることだ。この形状が効果ある理由としては、この薄肉部分の冷却進行が早く、高い樹脂圧力（収縮量が小さい）をボス部分に閉じ込めることであると考えられる。しかし、収縮率は圧力だけでなく、厚肉によっても変わる。その場所々々でのPvT線上の状態が違うので、場合によっては、薄肉部の収縮率が他の部分より大きいと、内部を盛り上げるであろうし、逆に小さいと凹ませてヒケを目立たせるかも知れない。成形条件によって、**図 4.24**のような醜い状況になることがある。

このような場合、**その他の部分の成形不良を調整した後、最終的に決定した成形条件後に、金型のこの肉盗み部分を削る方向で調整する**ことである。すなわち、成形品側には肉を付けていく調整である。そのためには、**金型は事前に削り調整ができるような作りにしておく**ことがポイントである。

ヒケやボイドは、このように金型温度、樹脂温度、金型表面状態、保圧などの成形条件によって、いろいろと変化する。そのため、対策案を考えるうえで非常に困惑する。しかしこれまで説明してきたことを理解して、成形条件と結果を整理することができれば対策案を導き出すことができるはずである。

4.2.6　ヒケと間違える不良

図 4.25のように、金型はピンで形成された（成形品は穴の）部分の近くにヒケのようなくぼみができることがある。ヒケができやすいような場所でもないので、おかしいと早めに気付かないと、ヒケ対策としていろいろな試

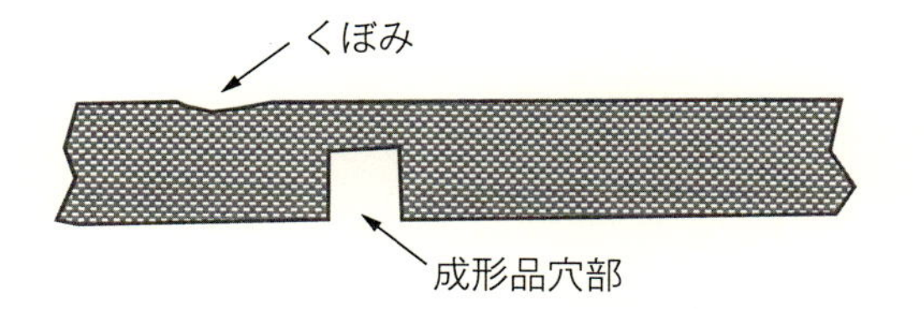

Point!!

成形品で穴の付近に、ヒケのようなくぼみが発生することがある。これは保圧を高くしても、対策効果がない。

図 4.25　ヒケと間違えるくぼみ

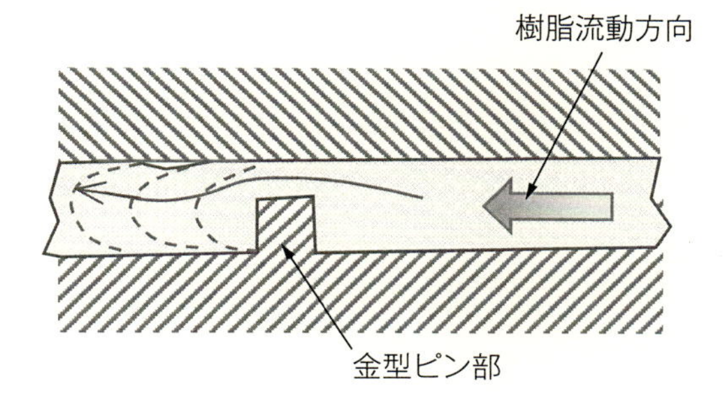

Point!!

成形品の穴は、金型ではピンとなる。樹脂流動時に、流れが速い場合、図のように、このピンにまとわりつくような流れとなる。これがくぼみの原因である。

図 4.26　台　ピンにまとわりつく流れ

みをして時間を無駄にすることになる。これは、ショートショットで説明したものと原因は同じで、**図 4.26** のように、溶融樹脂の流れが少しピンにまとわりついて、このようなくぼみを作りながら流動し、そのうちに表皮が固まってできたものである。

この部分を流れるときの樹脂速度を遅くすれば解決するが、もしピンの長さ（成形品の穴の深さ）が設計上微調整可能であるならば、ピンを長めから短くなる方法に調整できるような事前準備が望ましい。

第5章
反り・変形

ヒケやボイドのところでも説明したように、成形時の収縮率が等方的で均一であるならば相似的に小さくなるだけで、反りや変形も発生しないはずである。反りや変形は、ヒケとボイドと同様、収縮率が場所によって不均一であるために歪んだ形となったものであり、金型キャビティの形状とは相似的でない成形不良である。ここでは、収縮率の影響について、圧力と温度、製品肉厚について説明するが、収縮率に影響を与えるものは他にも繊維配向がある。この繊維配向も反り・変形に影響を与えるが、この件については、「第6章 成形品の寸法問題」を参照して欲しい。

ちょっと解説

ここで、反りと変形の言葉の使い方については、感覚的に区別しているものとして、あまり気にしないでよい。身体を反らす場合とねじる場合の言葉の使い方は異なる。身体のねじれは反りとは言わないであろう。しかし、成形品の不良としては、「反り」として使われることが多く、「変形」というと、反り以外にも多くの意味を含んでいる感覚となる。また、成形後に力が加わって変形したものも含まれる。部分的な反りが原因で、本来のあるべき（理想とする）形とは違った形となったものを「変形」とここでは呼んでいる程度の意味と解釈してもらいたい。

5.1　反り・変形原因の基礎

5.1.1　温度差による板の反り

簡単な例として平板を考えてみよう。この平板の片側の温度が高く、反対側が低い場合にはどうなるであろうか。金型内で、温度の高い側の材料の比容積は大きく（膨らみ度が大きく）、反対側の比容積は小さく（膨らみ度が小さく）なっている。**図 5.1** に、密度が小さい（比容積が大きい）側の色を薄く、密度が大きい（比容積が小さい）側を濃く示す。金型キャビティ内にある間は、この状態で形状は束縛されている。金型が開かれて、成形品が取り出されたときに、これが反っているかどうかは、この成形品に生じている内部応力の状況にもよる。ここでは、反りはまだ生じていないとしよう。し

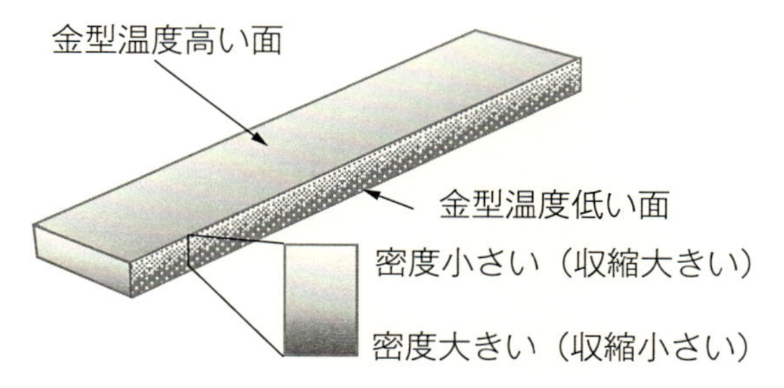

Point!!

金型内に樹脂があるとき、温度が高いと密度が小さく、低いと大きい。
この状態で形状は拘束されている。

図 5.1　金型温度の違いによる内部密度差

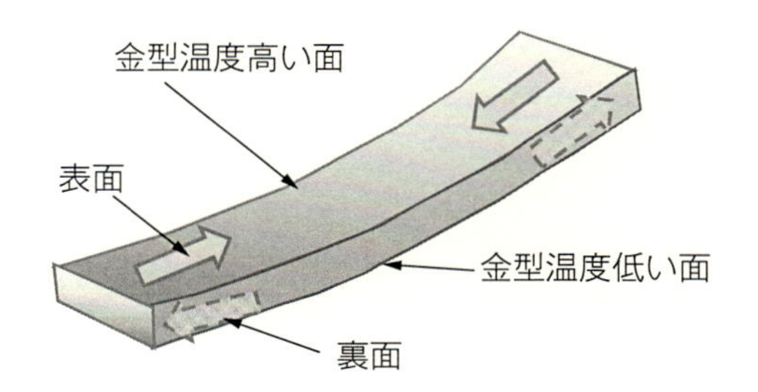

Point!!

金型から取り出されると、全体は均一の密度になる。表面は裏面に対して縮もうとし、裏面は表面に対して広がろうとする。その結果収縮量の差が表裏に生じて反りとなる

図 5.2　収縮の違いによる反り

かし、金型温度自体が違っているので、成形品の両側の温度には差がある。その後、時間の経過とともに、成形品の温度は常温へと低下していくので、成形品の内部の比容積も最終的には常温常圧状態となる。すなわち、両側の温度が同じ温度になっていくに従って、比容積も均一となる。

このとき、温度の高い側の収縮は、反対側に比べて大きくなり、表裏の収縮量が違ってくる。もし、これを中央で半分に薄く切ったとすると、両側で長さが異なるようになる。これが表裏一体となっているので、**図 5.2** のよう

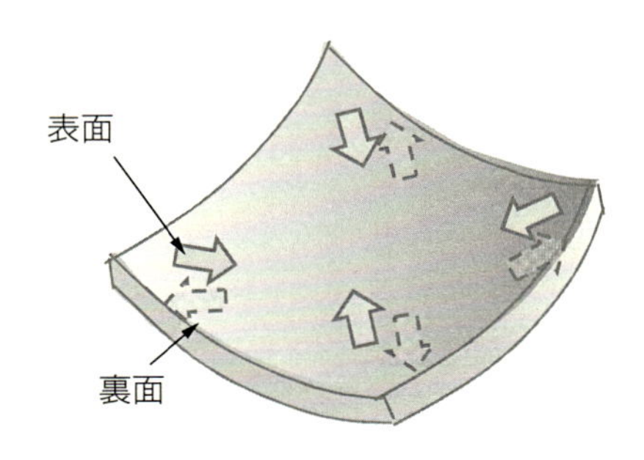

幅のある平板の場合、お椀のような反りとなるであろう。

図 5.3　平板の反り

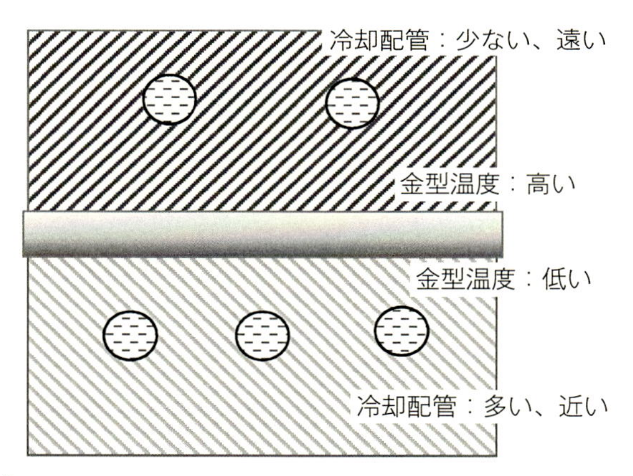

Point!!

冷却水の設定温度が、キャビティ・コアで同じであったとしても、実際の温度は、冷却配管の数や成形品面からの距離などによって異なるので注意。

図 5.4　冷却配管の影響

な反りが発生することになる。実際には、長さ方向だけではなく、幅方向も同様なので、平板の場合には、**図 5.3** のお椀のような形な反りであろうことが予想される。

ここでは金型温度の違いと説明したが、これは冷却水温度の違いのことで

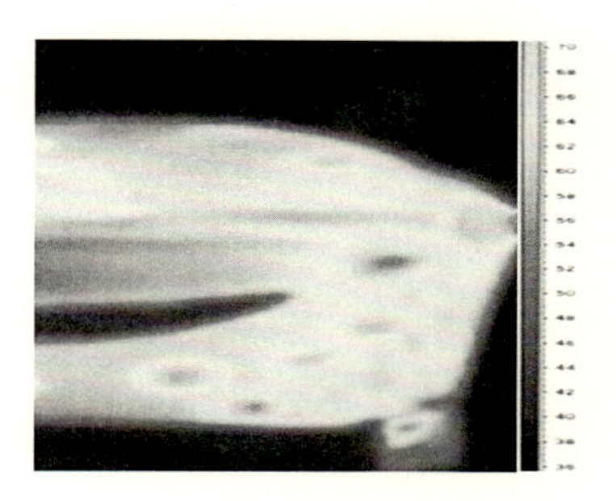

Point!!

成形直後の成形品表面温度をサーモカメラで確認する。成形後時間が経過すると表裏温度が同じ温度に近づいてしまうので注意。サーモカメラで金型表面温度は測定しないこと。

図 5.5　成形品表面温度の確認

はなく、実際の金型温度のことである。**図 5.4** のように、冷却水配管と成形品表面との距離が両側で違っている場合などは、冷却水の設定温度は同じであったとしても、実際の金型表面温度は異なる。冷却効率が違うので、成形品に対する冷却は同じとは言えない。冷却効率については、冷却水配管の距離だけでなく、流量や乱流、層流などにも関係するので、ここでは詳細な説明は省く。ただ、冷却効率は結果的には成形品の表面温度に直接関係しているので、成形直後の成形品の温度分布を調べればよい。最近では、サーモカメラも安価に入手できるようになっており、この方法を推奨する。**図 5.5** には、この測定結果例を示す。**サーモカメラを使って金型温度を測定している場面をよく見かけるが、サーモカメラは金属の温度は測定できないので注意**が必要である。成形後に時間が経過すると成形品の表裏温度は均一な常温へと近づいていくので、成形直後の温度差をチェックすることがポイントである。

ここで反り対策の１つとして理解できることは、**成形品の部分的な温度を調整することで、収縮率を微調整することが可能**だということである。

5.1.2　圧力差による板の反り

PvT 線図で思い出されるように、比容積は温度と圧力によって変化する。

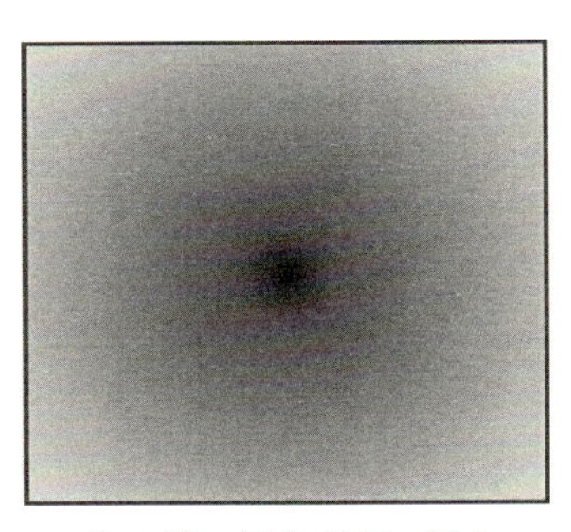

色の濃い部分が高い圧力

Point!!

中央部ゲート付近の圧力が周辺よりも高い場合のイメージ図。

図 5.6　中央部圧力が高い場合

今度は圧力について考えてみよう。先ほどの平板で、ゲートが中央一点、ホットランナーであるとして、ここでは、両面の金型温度は同じであるとする。

保圧がかかっているときの圧力分布を考えてみると、**図 5.6** のように、ゲート近くが高く、周辺に向かって進むに従って低くなることが通常考えられるであろう。ここでは、圧力の高い部分を濃く、低くなるに従って薄くなるように示している。この色の濃さは、樹脂密度にも直接関係している。中央部は密度が大きく（比容積が小さく）、周辺にいくほど密度が小さく（比容積が大きく）なる。すなわち、成形品が常温常圧になるときには、成形品全体は常温常圧の密度となるので、相対的に、中央部が周辺部より寸法的に大きくなる。この結果、中央部が周辺部を押し広げようとする力が働き、図 5.3 と同様の反りとなることが理解できるであろう。

しかし、ここで注意すべきことは、その反りは、**図 5.7** に示すように、上反りの可能性も、下反りの可能性もあり、どちらになるかは不明である。先ほどの金型温度の違いによる反りの方向は決まっていたが、ここでの圧力によるものは、反り方向が決まらない。何かちょっとしたきっかけが、反り方向を変化させるので、反り方向自体がばらつくなどの現象となることもある。

さて、次に、圧力分布が**図 5.8** のようになる場合を考えてみよう。どのような条件の場合に、このようなことが発生するかと言うと、ゲートが固化（シール）する前に保圧が終了したときなど，ゲートから溶融樹脂が逆流して、

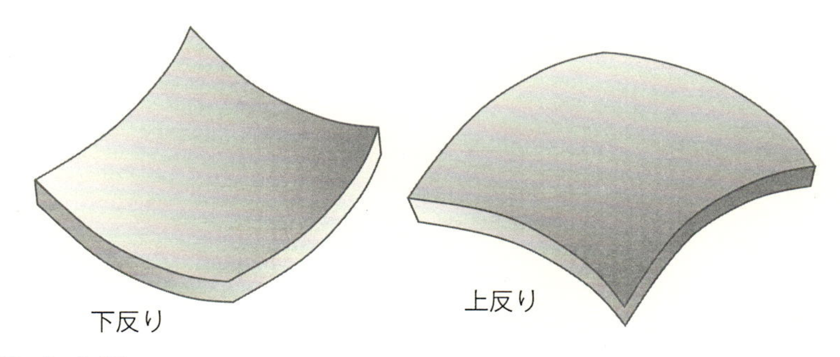

Point!!

中央部の収縮が周辺より小さい（中央部寸法が大きい）と、下反りとなるか上反りか、どちらかになる。

図 5.7　反りのイメージ

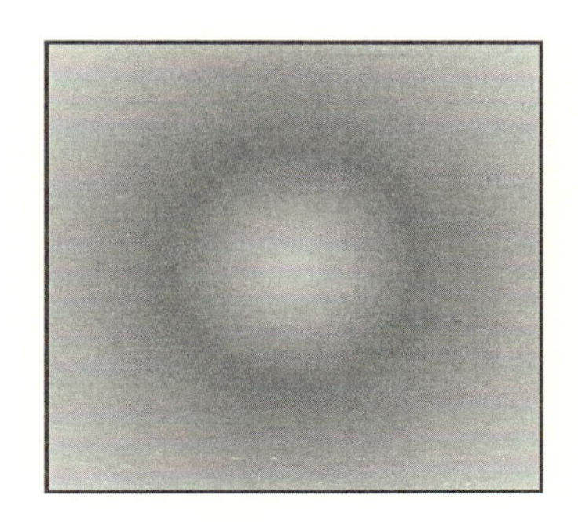

色の濃い部分が高い圧力

Point!!

樹脂のゲート（中央部）からの逆流により、中央部ゲート付近の圧力が周辺よりも低くなったイメージ図。

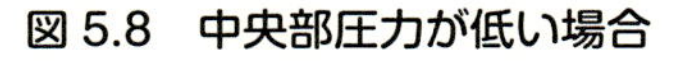

図 5.8　中央部圧力が低い場合

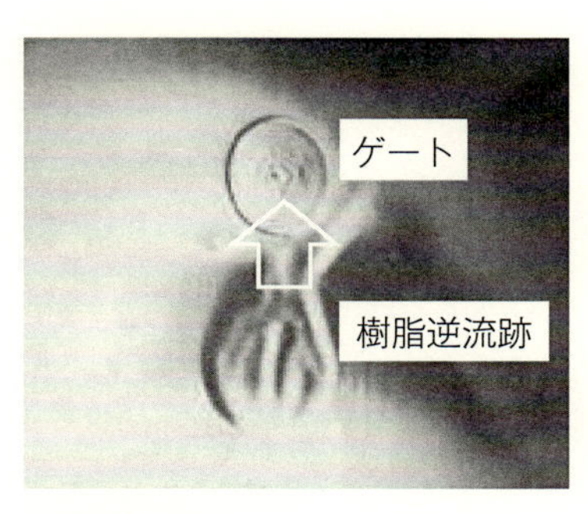

Point!!

これは不均一部分的逆流の例であるが、ゲート部方向に溶融樹脂が逆流した跡が見える。

図 5.9　ゲートからの逆流

ゲート部の圧力が低下するケースである。**図 5.9** は、このような場合の極端な例で、ゲート部から樹脂逆流の跡が見える。この場合には、中央部の収縮が周辺部よりも大きいので、周辺を固定したまま中央部に引っ張り込むこと

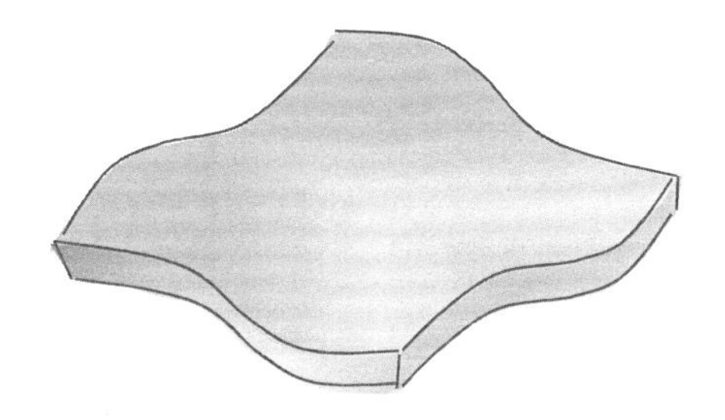

Point!!

周辺部に対して、中央部が小さくなるので、周辺部を中央方向に引っ張り込むような変形となる。

図 5.10　ねじれのイメージ

になり、図 5.10 のように、ねじれた形の円盤となるであろう。

これらのことから、**圧力分布を変えることで反り状況が変化する**ことも理解できると思う。**圧力分布を変えるには、保圧の高低や時間、バルブゲートなどの開閉タイミングを調整する**ことで可能である。

5.1.3　肉厚差による板の反り

次に、平板の中央に図 5.11 のような厚肉部がある場合を考える。厚肉部と薄肉部が共存すると、厚肉部はどうしても薄肉部に対して冷却が遅れる。すなわち厚肉部の温度が相対的に高くなるので、密度は小さくなってしまう。その結果、図 5.12 のように厚肉部の収縮が相対的に大きくなり、厚肉部が周辺を引っ張り込んだ形の反りとなる。この**反りの原因が厚肉部にあることを確認するには、成形後に厚肉部を削り取って、その後の変形の様子と比較してみる**とわかる。

この反りの原因は、厚肉部の冷却の遅れであることがわかれば、厚肉部だけ冷却効率をよくする方法を考える。厚肉部金型冷却が、図 5.13 のような、**冷却配管が厚肉部に沿ったものであれば、この配管だけの冷却温度を下げる**ことも一案である。

もうひとつ突っ込んで考えてみよう。

この厚肉部の冷却が遅れるために温度が高くなり、その結果密度が小さい

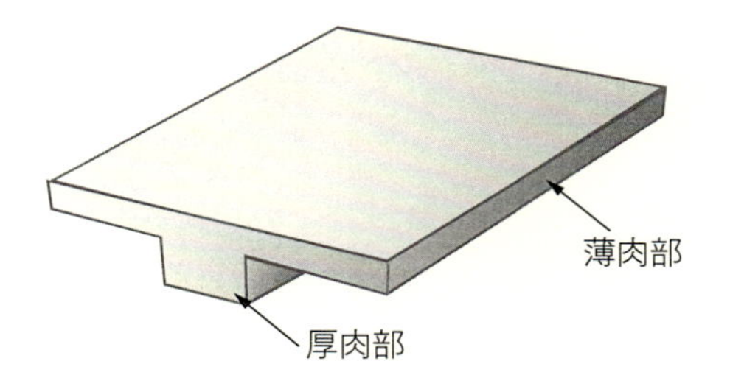

Point!!

薄肉平板部の冷却は早く進行するが、厚肉部の冷却が遅いので、内部の樹脂温度は高い（密度が小さい）。

図 5.11　薄肉平板と厚肉部

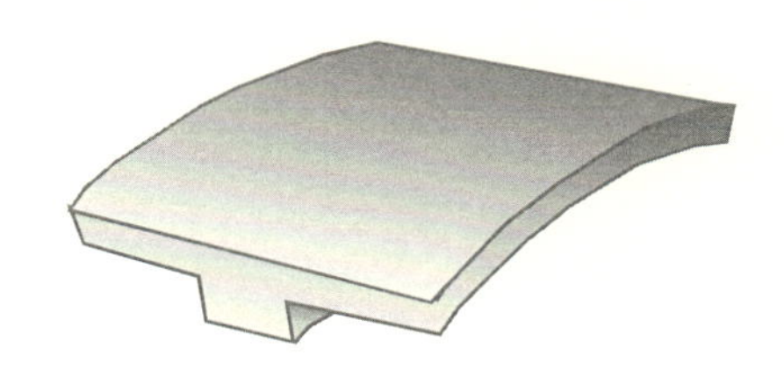

Point!!

厚肉部の収縮量は、薄肉部に比較して大きくなるので、このような反りが発生しやすい。

図 5.12　薄肉平板と厚肉部の反り

ことが原因である、と考えてみよう。厚肉部だけ密度を小さい状態から大きくする方法が考えられよう。

薄肉部は早く冷却されて固化するが、厚肉部の中心部は冷却が遅れる。すなわち、**薄肉部が固化したあと、溶融樹脂を厚肉部にもっと追加で押し込む**のである。その方法としては、**図 5.14** のように、保圧工程の一段目は薄肉部用、二段目は厚肉部用とすればよいであろう。この一段目の時間は、薄肉部中央は固化するが、厚肉部中央はまだ固化していない時間とする。

この応用例としては、多点のバルブゲート金型であれば、**圧力を多くかけたい部分と低めにしたい部分で、保圧中のバルブゲートの開いている時間を変更する**ことで調整が可能である。

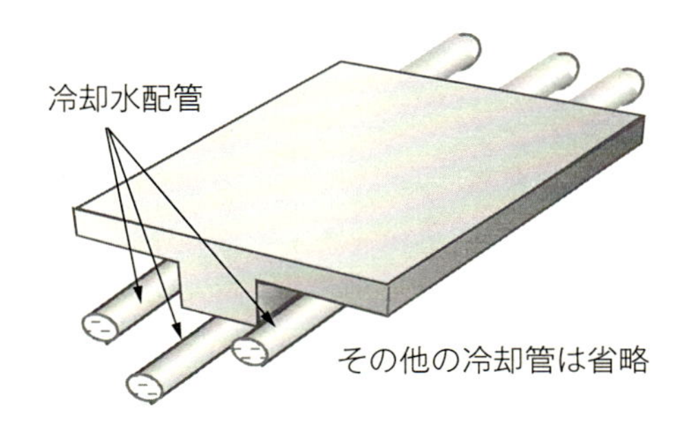

Point!!

厚肉部は薄肉部よりも冷却が遅れるので、対策案として厚肉部に沿った部分だけを冷却する回路だけ効率的に冷やす方法もある。

図 5.13　厚肉部用冷却配管

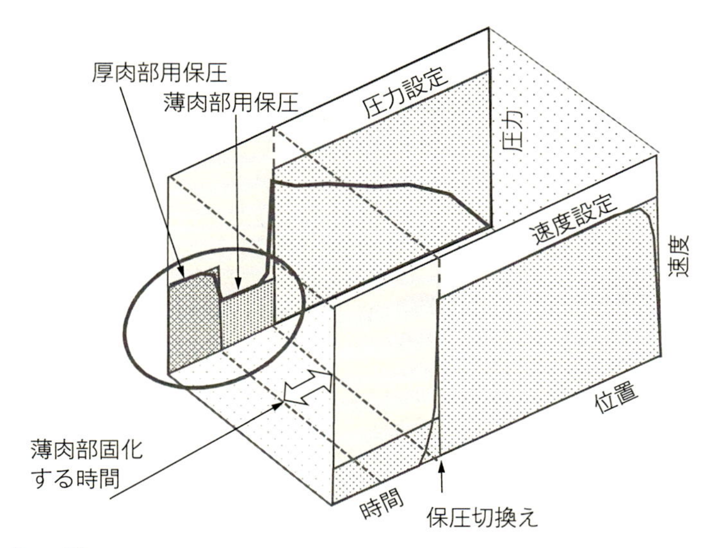

Point!!

薄肉部は早く固化するので、その後、厚肉部に追加の保圧を付与することで樹脂を補充し、厚肉部の収縮率を小さくする対策方法。

図 5.14　薄肉部、厚肉部用保圧

5.1.4　肉厚差のある成形品の反りと圧力

場所によって肉厚に違いがある成形品は、肉厚の違いによって収縮率が異なるので反り・変形は発生しやすい。しかし、圧力と反りの関係を確認してみると、図5.14のような多段保圧の細工なしにでも、保圧を高くしていくだけで反り量が小さくなることがある。

この理由を知るために、肉厚の違いによる成形品の収縮率の例を**図5.15**に示す。横軸は保圧である。3本の線は肉厚の違いを示すが、肉厚が厚い方が収縮率は大きい。この図をよく見ると、圧力が高くなるに従って、3本の肉厚違いの線の間隔が狭くなっている。すなわち**圧力を高くすると肉厚の違いによる収縮率の差が小さくなるので、反りも小さくなっていく**。ただ、圧力が高くなると、収縮率自体も小さくなるので、寸法は大きくなる。**図5.16**のように、**反りと寸法の両方が両立する範囲が存在するのであれば、単に保圧を高くするという方法も使える**ことがある。

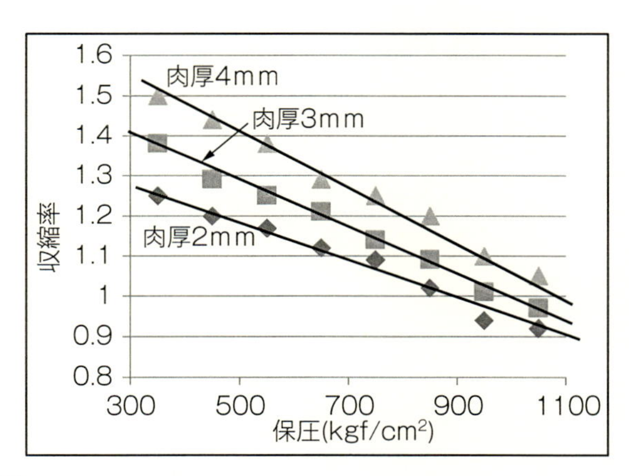

Point!!

収縮率は保圧が高いほど小さくなり、厚肉ほど大きい。しかし保圧が高くなると、肉厚による収縮率の違いが小さくなるようなケースもある。

図5.15　肉厚と収縮率（保圧変化）

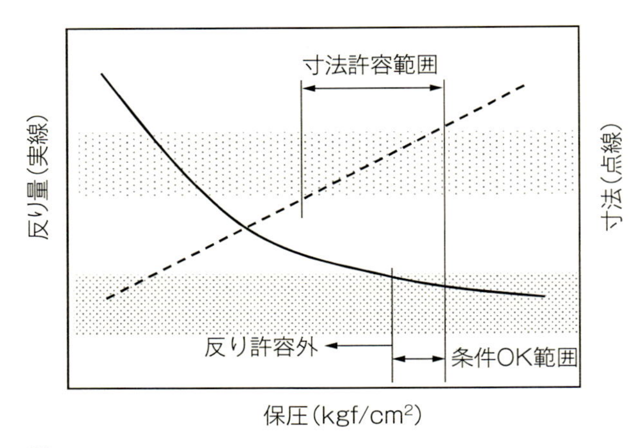

Point!!

反りは保圧が高いほど小さくなるが、寸法は大きくなってくる。両方共許容範囲になるところがあれば幸運である。

図 5.16　保圧と反り、寸法の関係図

5.2　反り・変形の類別

反りが収縮率の不均一さによって生じていることがわかったところで、いろいろな反りを考えてみよう。そうすることによって、反りが発生したとき、どこが問題で、どう対策すればいいかの案が導きやすくなる。

5.2.1　箱の上反り、下反り

底のある**図 5.17** のような箱形状を考える。この場合、いろいろな部分の寸法の出来具合によって、どのような反りになるであろうか。

例えば、**図 5.18** のように、底の部分が側板枠に対して寸法的に小さくできた場合、側面の下側を引っ張ることとなり上反りとなるであろう。逆に**図 5.19** のように、底が側枠に対して大きくできた場合、側面の下側を押し広げることになり下反りとなるであろう。あるいは、側枠自体が**図 5.20** の左図のような内反りをしているかも知れない。その場合には、図 5.19 と同様の

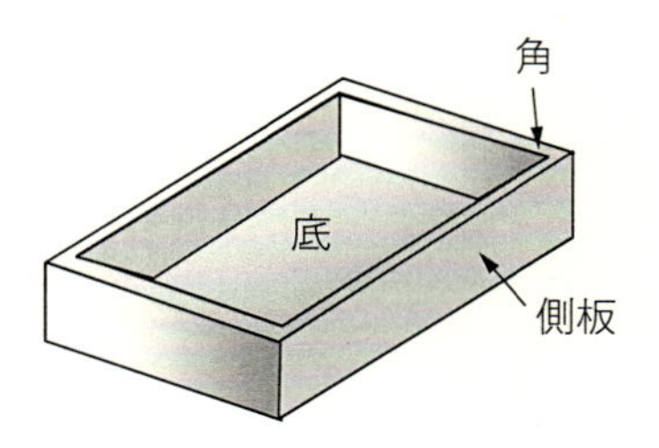

Point!!

底と側壁のある箱形状でいろいろな反りを考えてみる。

図 5.17　反りを考える箱形状

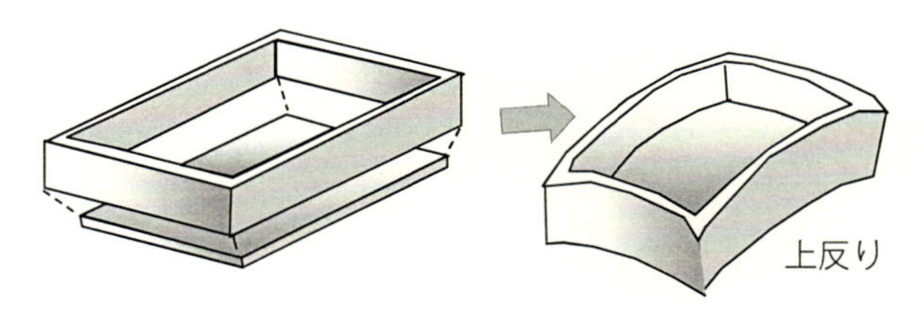

Point!!

底が4枚の側板で作る枠より小さくなった場合、底が下部を引っ張るので上反りの形になるであろう。

図 5.18　底が小さくできた場合の反り

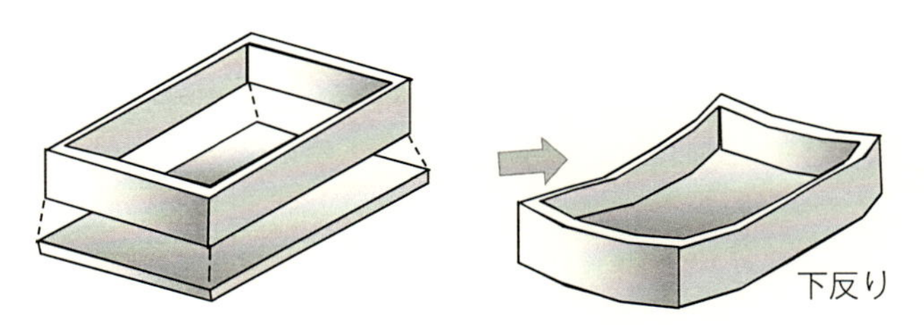

Point!!

逆に、底が側板の枠より大きくなった場合、底が下部を広げようとするので下反りの形になるであろう。

図 5.19　底が大きくできた場合の反り

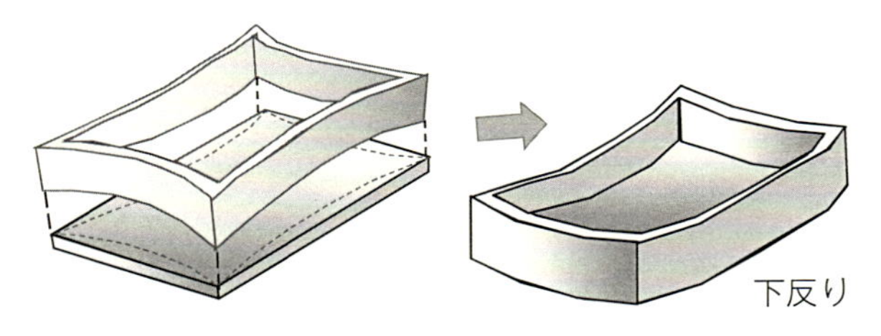

Point!!
側板の枠自体が内反りした場合、底は部分的に大きくなるので、この場合も下反りするかもしれない。

図 5.20　側板の枠自体が内反りした場合の反り

下反りとなるかもしれない。あるいは、底自体が反っている場合もあるであろう。

ここまでの説明で理解できたと思うが、**成形品の反りの原因を探すためには、考えられる部分を切断して、切断前と比較する**ことである。その原因が見つかれば、これまで説明してきたような、**部分的な寸法調整（収縮率調整）を、温度なり圧力で行えばよい**。反りの原因となっている場所を探すことが重要であることが理解できよう。

5.2.2　箱の内反り

図5.20のような側板の反りは、箱ものではよく発生する。**図5.21**には、箱形状製品の反り例を示す。ここで、この側板の切り方によって、原因と対策を間違えることがあるので、説明しておく。この側板をそれぞれの辺ごとに分解すると、**図 5.22** のようにいろいろなケースが考えられる。図 5.22 の①の場合には、側板自体が反っており、内外の収縮率差であろうことが考えられるので対策案も簡単だが、同図②となる場合もある。ここで、切断部を変えて、同図③のように切断すると、角部自体が 90° より小さくなっていて、側板部は反っていないことがある。同図②では、角部の反り原因部を切断したのでわからなかったのだ。この角部の反りは、家電製品（箱形状が多い）によく見られるので、すでに原因も対策も古くから知られている。

わかりやすく理解するために、**図 5.23** の十字フェンスを見てみよう。反

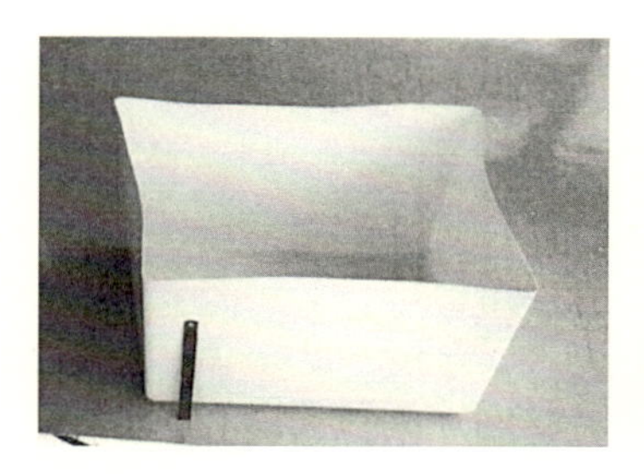

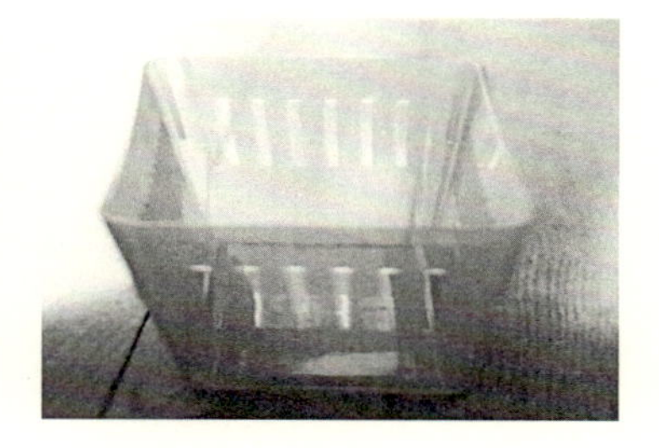

Point!!

箱物は、このような反りを発生しやすい。

図 5.21　箱物の反り例

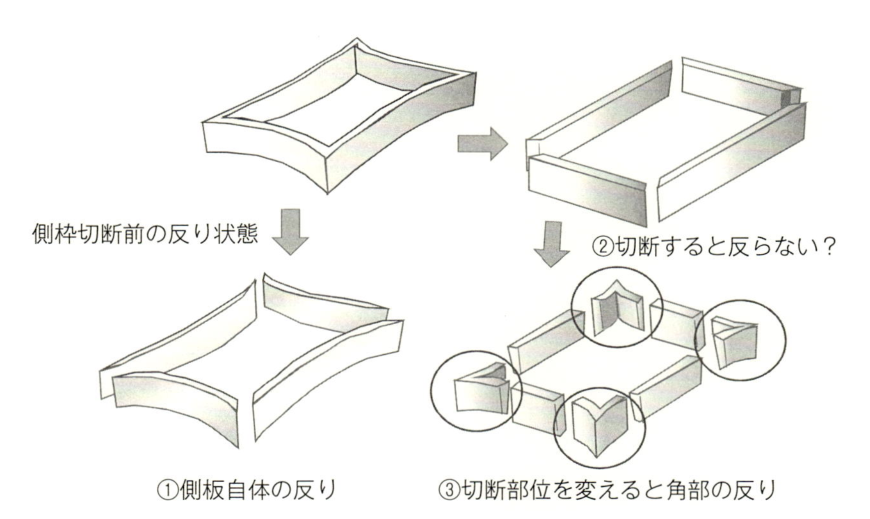

Point!!

いろいろと切断部位を変えて、反りの原因場所を探すことが重要である。
原因が、①と③とでは対策案が異なる。

図 5.22　側板の枠自体が内反りした場合の反り原因

りは発生していない。**図 5.24** で十字形状と箱形状の角部冷却の違いを考えると、十字の場合には、角部は対称的であるので反りは発生しない。箱の場合には非対称であり、外側角部に樹脂がなくなって金属（金型）に接しているので、内側角部に比較して冷却効率がよくなる。すなわち、相対的に内側

Point!!

十字形状の場合には、角部が対称的に冷却されるので、反りは発生しない。

図 5.23　PP 製十字フェンス

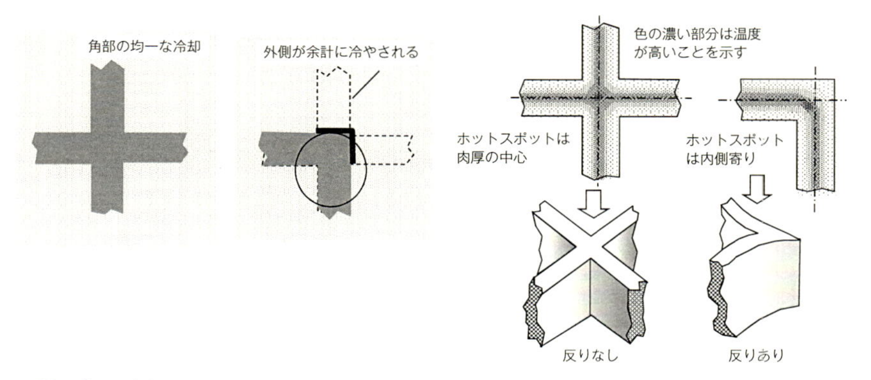

Point!!

箱角は、十字の場合の 4 つの樹脂部のうち、2 つが除去されており、この部分が）熱の逃げやすい金型（金属）に変わっている。
このため、十字に比べ、冷却が均一でなくなり、反りが発生する。

図 5.24　十字と箱角の冷却の違い

角部にホットスポットが発生することになり、これが角部を 90° 以下の方向に反らせるのである。**図 5.22 ①の場合には、箱の内側（可動側）の温度を外側（固定側）に対して低くすれば反りは解消できる**であろうが、図 5.22 ③の角部に原因がある場合には、内側温度を下げると角部温度問題は解消できても、今度は、問題のない辺に温度差がついてしまう。結局、図5.22の①の問題を発生させることになり、反りは解消できない。この反り対策は、**角部の冷却だけを個別にすることである**。

金型設計上、事前に角部だけの冷却ができないような場合には、この角部製品の肉厚を薄く（金型の金属部を増やしておく）しておく。現場で製品肉厚を薄くすることは、金型側に肉盛りすることであり、すぐにはできないが、**事前に製品の角部を薄く作っておいて、逆反りの様子を見ながら、現場で金型の成形品の角部の部分を削りながら（成形品自体の角は厚くしながら）調整する**という方法もある。

5.3　反り・変形の時間的変化

反りや変形は、成形時および成形後の温度変化や内部応力の緩和状況で収縮率が変わってくるので、時間とともに変化する。しかし、この時間の変化を待っているとデータの整理にも時間がかかり過ぎてしまう。**ある程度成形品の温度が下がれば、その後水冷して全体が一定の温度として、反り・変形の状況を観察する**とよい。

また、繰り返すが、反り・変形の原因究明については、**原因と考えられる成形品のいろいろな場所を切断して、反りや変形状況がどのように変化するか、それらの部分の影響を調べる**ことである。このとき、成形後長い時間が経過したものは、すでに矯正効果が働いているので、成形後にあまり時間が経過していないものを使うことが重要である。この矯正効果については、次に説明する。

5.4　反りの矯正の問題

反りが直らない場合、冶具などを使って強制的に変形させることで、希望の形状に矯正することを目にする。現場対応としては、他に対策案がないので仕方がない対処であろう。しかし、ここで、矯正に関する問題を知っておかなければ、常に後々問題が発生するので注意が必要だ。原理さえ理解して

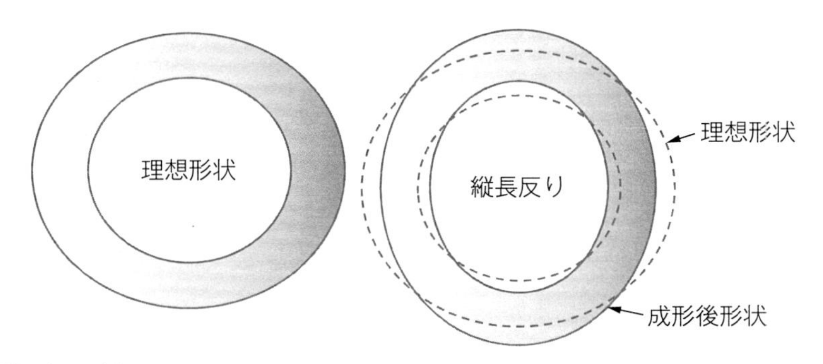

Point!!

理想形状は円状であるが、成形後に縦長の反りが発生して対策できないので、矯正治具で対処する例。

図 5.25　理想形状と成形後の反り

いれば特に難しいことではないので、簡単に感覚的に説明しておく。

本来円形の形をした製品であるべきものが、**図 5.25** のように縦長に変形しているとしよう。これを矯正する場合は、**図 5.26** のように、少し過剰気味な変形をある時間加えてから取り外すことになる。この場合、矯正時間が短い場合は矯正不足となり、時間が長すぎると矯正過剰になる。さらに、矯正温度が低いと成形品が固く矯正されにくく、温度が高いと柔らかいので矯正のし過ぎとなってしまう。ここでは、感覚的に理解しやすいように固い、柔らかいという言葉を使った。この温度というのは、成形品取り出し後の温度、矯正する環境温度の双方である。しかも、この矯正後の形状は、時間が経つと、元にまではならないが、徐々に元の形状の方向に戻ろうと変化する。その変化の程度も周囲温度によって異なってくる。

結論から言うと、このような矯正を行う場合、製品を変形させているので内部に応力が残る。この応力の程度は、矯正を与える変化量とその時間、そのときの温度で違うのだ。その後、矯正治具を外すと、応力が緩和してくるので、形状も変化するが、この変化がまた、時間と温度で違ってくるのである。このように矯正には複雑な挙動が伴っている。

・矯正時の寸法、形状のばらつき問題とその対策

矯正治具を取り付ける標準時間を決めておいても、作業室の温度が違う

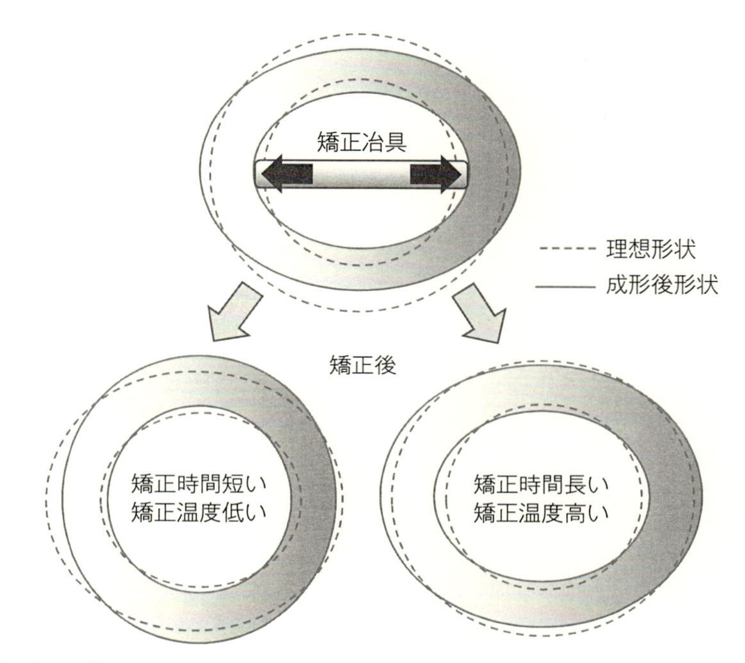

Point!!

矯正治具を使うことは、成形品に強制的な応力をかけることである。その矯正時間と矯正時温度によって、矯正具合が影響を受ける。
さらに、矯正後の経過時間や環境温度によっても、応力緩和状況が違ってくるので、形状の安定には時間がかかる。

図 5.26　矯正問題

と、結果にばらつきが発生する。これは、矯正時の温度によって、応力の度合いが異なるためである。

・出荷後のばらつき

矯正後の寸法検査で OK であったはずのものが、出荷後に NG と判断される。これは、矯正後にも時間経過とともに寸法変化しているためである。

・客先受け入れ検査後のトラブル

受け入れ検査結果の寸法が OK であっても、その後の使用環境温度が高くなると、形状が変形してくることがある。特に、温度の低いところでは寸法的にOKであっても、使用するときに温度が高くなると、応力が緩和（緩んでくること）して寸法が変化する。

すなわち、内部応力が問題の原因であるので、この対策としては、**矯正時の温度を高くして内部応力を緩和し、矯正後も応力除去（アニール）をする**ことである。

矯正は、矯正工程にも余計な処理と時間、および再検査などが必要なことから、コスト高の原因となり、クレームのリスクも残るので、避けるべき処理案である。この点、反り・変形は、製品設計時、金型設計時から十分な事前配慮が重要だ。この原理を知らずに安易に矯正を行うと、必ずと言っていいほど後日問題が生じることになる。問題があとで発覚するので、その対策費用自体も大きなものとなる。

第6章
成形品の寸法問題

これまで、ヒケ、ボイド、反り・変形などが、成形時の収縮状況と大きく関係していることを説明してきたが、最も収縮率が直接的に影響する問題は、製品寸法であろう。製品が設計されるときには、寸法と公差が決められているはずであり、金型は成形収取率を見込んで加工されるので、設計者も成形と金型を理解しておく必要がある。特に収縮率に関する知識は重要であるが、案外、簡単に考えている人が多いことに驚く。

以下、再度、収縮率について説明していくが、収縮率の詳細を知ると、金型設計時に収縮率を決定することの責任の重大さに気が付き、慎重になってくるはずだ。実際に、金型が完了して成形をしたあとに、寸法が合わず、金型を修正加工したり、最悪、金型を作り直さなければならないときさえある。その場合、関連部門、関連他社を含めたスケジュール調整も加えて非常に大きな問題となってしまう。

6.1 金型製作に向けた収縮率の設定

6.1.1 収縮率のいろいろ

収縮率が、圧力や温度、製品肉厚によって影響を受けることは、これまでに何度か説明してきた。これはPvT 線図で説明したような比容積が関係している。

しかし、もうひとつ厄介なことは、樹脂が高分子の紐状物質であることにより、流動中に受ける力によって形状が変わり、そのために収縮率にも影響することだ。樹脂メーカの材料カタログには、参考値として、MD、TDと2種類の収縮率が記されている。これは、**図6.1**のように、ゲートから見て溶融樹脂の流動方向（MD）とその直角方向（TD）とで収縮率が異なることによる。MDとTDとで収縮率が異なる原因は、流動中に繊維が流動によって配向し、その影響を受けているからである。理想的な繊維の流動が一方向だけとしたMDとTDは、細長い成形品形状での測定が望ましいが、細長いとTD方向の長さが短く（絶対値自体が小さく）なり測定誤差が大きくなる。結局、実際には、広がりながら流動するので、言葉はMD、TDであるが、収縮率のデータはこの混合になっている。すなわち、形状が変わるとMD、TD

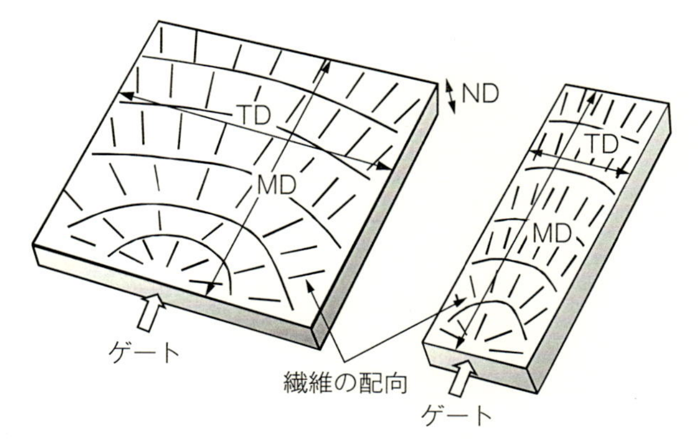

Point!!

樹脂の収縮率は、TDとMDとで記されている。これは高分子の配向方向によって収縮率が異なるためである。配向状態は、製品形状、ゲート位置、射出速度、樹脂温度などによっても影響を受けるので、純粋な流動方向とその直角方向ではない。

図6.1　TDとMD

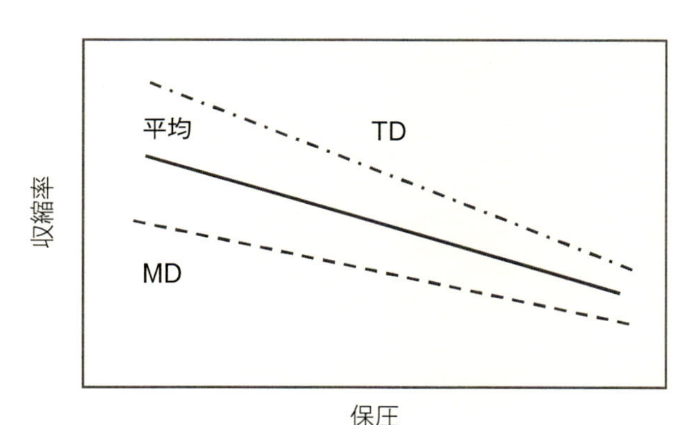

Point!!

樹脂データにはTDとMDの収縮率が参考値として記されている。保圧を増やすとTDもMDも収縮率は小さくなる。

図6.2　保圧と収縮率TD、MD

の値も同じになるとは限らない。

図6.2は、保圧を変えた場合のMD、TDとそれらの平均の概念を示す。さらに、この配向は、せん断応力の強さによっても影響を受ける。すなわち、樹脂温度が高くなると、粘度が低下するので、せん断応力が小さくなり、配向に影響する。**図6.3**は、ある樹脂での樹脂温度による変化例を示す。また、射出速度を速くしても、せん断応力が大きくなるので、これも**図6.4**のように射出速度が配向に影響を与え、収縮率も変わる。この傾向も、配向の仕方によって変わるため、ゲート位置や製品形状によっても異なってくるので成形品ごとに違ったグラフとなる。このように収縮率MD、TDが樹脂データに記されていても、条件によって数値は変わるので保証できるものではなく、樹脂メーカもあくまで「参考値」として載せているだけである。すなわち、金型を加工するときの収縮率は、樹脂メーカは責任を負えるものではない。

更に、流動を3次元の立体図で見ると、**図6.5**のようである。実際には、肉厚方向（ND）の流れ方もMD、TDとは異なっており配向の状況も異なるため、肉厚方向の収縮率も異なる。ただ、肉厚方向の収縮率に関しては、肉厚自体が長さ方向の寸法に比較して相当小さいことと、通常は型締め方向で

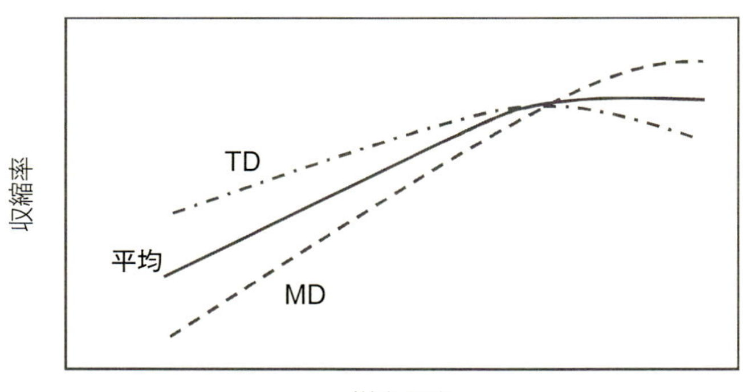

Point!!

配向の状況は、せん断応力によって変化する。樹脂温度が上がると粘度が低下し、せん断応力は小さくなる。その結果、TD、MDの収縮率に影響を与える。どのように変化するかは、製品形状や成形条件にも関係する。この図は参考例である。

図6.3　樹脂温度と収縮率

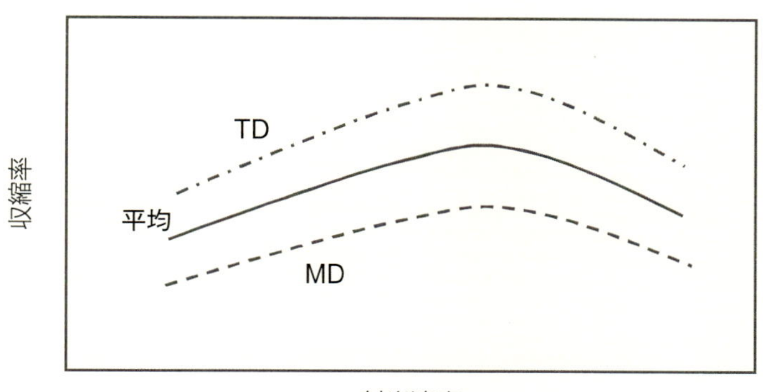

Point!!

同様に、射出速度が速くなると、せん断応力も大きくなるので、配向に影響を与える。その結果、TD、MD の収縮率も変化する。

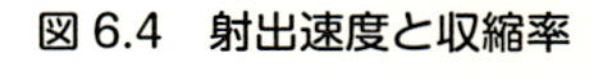
図 6.4　射出速度と収縮率

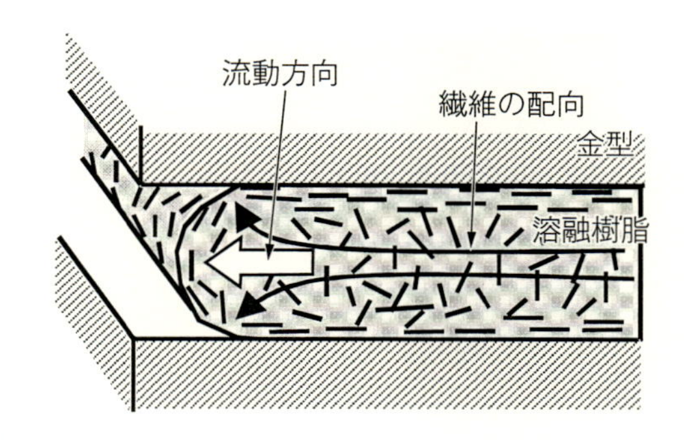

Point!!

溶融樹脂は成形品断面方向にも配向しており、その配向は流動時のせん断応力に影響を受ける。流動の内部と表面とで配向状況は異なる。

図 6.5　流動断面と ND

パーティング面によって形状が分離されて作られているのでキャビティ寸法の測定が難しく、肉厚方法の収縮率の詳しい報告例は少ない。少ない報告例の中ではあるが、ND 方向の収縮率は、MD、TD に比較して数倍大きいとの報告がある。これは、シボなどのカジリ問題から考えても妥当であろうと考

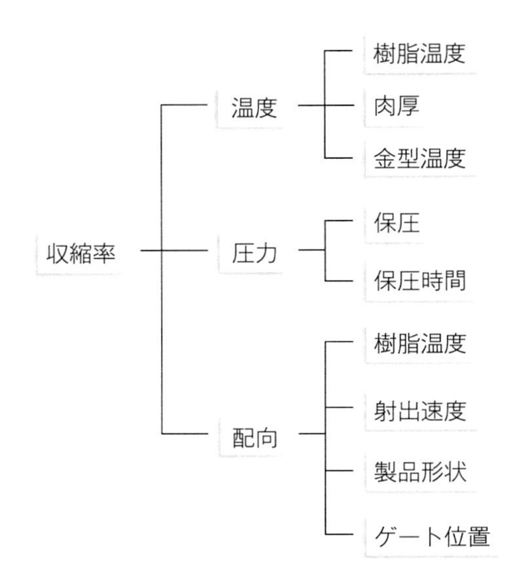

Point!!
収縮率がいろいろな要因に影響を受ける概念を示す。成形条件によってもいろいろと変化することが理解できよう。

図 6.6　収縮率の概念

えられる。ND 方向の収縮率が、MD、TD の収縮率より相当大きくなければ、深いシボはカジってしまうはずだからだ。また、ND 方向の収縮率が箱形状の角部の反りに影響を与えているという技術報告例もある。しかし、通常、金型設計用の収縮率を決定するときは、せいぜい MD と TD 方向を考慮する程度でよい。シボ問題に関しては別途述べる。

ここまでの説明をまとめたものを**図 6.6** に示す。保圧時間は成形品の内部圧力に影響するので、圧力の下部にした。また、肉厚による影響は、成形品の内部の温度に影響するので、温度の下部とした。配向による影響は、形状、射出速度、樹脂温度としている。実際には、これらが複雑に絡んで影響している。収縮率は、いろいろな条件によって違ってくることになるが、見方を変えると、**成形条件によって、ある程度は調整できる**ことも示している。この成形条件による調整が現場対策となるが、その調整にも限界はあるので、金型設計時の収縮率から考えていこう。

6.1.2 金型設計用収縮率の決定

(1) 一般的な場合

最近では製品設計も3次元CADで行われることがほとんどである。このCADデータに収縮率を加味した結果を、機械加工用のCAMデータに変換して金型加工を行う。実際の成形時の収縮率は、これまで理解したように、圧力、温度、肉厚のほか、流動方向によっても違ってくる。しかし、金型を加工するときに、方向や肉厚などによって場所々々で収縮率を変えて金型加工をすることは、特別な場合を除いてほとんどない。ND方向どころか、MDとTDの収縮率を方向によって使い分けたりもしない。収縮率は等方的であるとしてCAMデータに織り込まれるのが通常である。

なぜならば、図6.6のところでも述べたように、収縮率は圧力や温度、流動の違いなどの成形条件によって変化するので、その条件が決定される前に金型寸法のMD、TDを別途決めておくことは無意味であろう。同じ形状の成形品の金型が作られる場合、成形条件をあらかじめ決定した状態で、前の成形実績を反映して、部分々々の収縮率を変えた金型を作成するやり方もあるにはあるが特別である。

通常は、MDとTDの平均で決めることが多い。寸法を大きくすることは保圧を高くすることで、ある程度調整することはできる。しかし、**あまり収縮率を大きめに決めると、ショートショットやヒケとなるような圧力でさえ寸法が大きくなって、調整不可能となる**ことがある。このことを考えると、**収縮率は小さめに設定して、寸法調整は保圧を高くするやり方が調整しやすいとも思いがちだが、今度はバリやカジリなどの問題**ともなるので、そのあたりの配慮も必要である。

(2) MD方向流れに要注意

一般的には、TDとMDの平均を使うと述べたが、例えば**図6.7**のような流動方向に細長い形状である場合には、繊維配向は理想的なMD方向に近い。事前に、故意にMD方向の収縮率を使う方がよい場合であるが、幅広がりのテストピースで測定したMDよりも実際の収縮率は小さくなる可能性もある。細長い形状の場合には、事前にそれに近い収縮率が採取できるような形状のテストピースで確認しておかないと、成形品寸法が予想外に大きくなってし

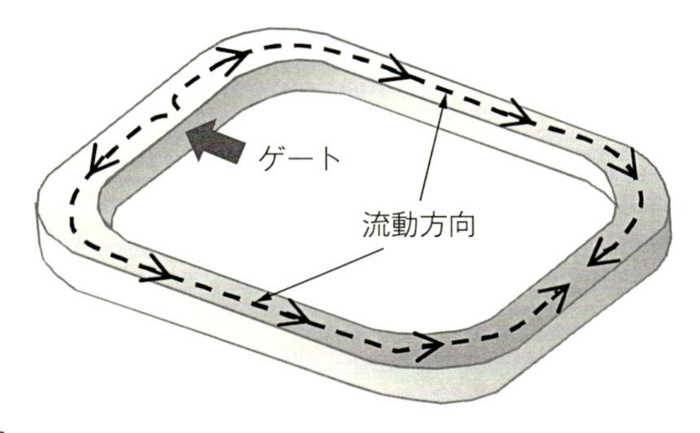

Point!!

図のようなリング状の成形品では、流動全般にわたってMD方向の流れとなる。このような場合には、テストピースで測定したMDとも異なるので事前の注意が必要である。寸法が大きくなり過ぎた場合の現場対策としては、樹脂配向をなるべく弱めるような条件とし、保圧も低めとする。

図6.7　MD方向流れの成形品

まうことも多々目にすることである。

このような事態となってしまった場合、できることは、**樹脂温度をなるべく高めにして、ゆっくり射出する**ことで、せん断応力を小さくして配向度合いを弱くする。**さらに保圧もなるべく低くして寸法を小さくする**ことである。もし**運がよければ、金型の作り直しは避けられる**かもしれないが、ヒケなどはやむを得ないであろう。**細長形状の成形品の収縮率決定には特に気を付ける**必要がある。

6.2　寸法と成形条件の調整

6.2.1　複数寸法と成形品重量

成形収縮率は、いろいろな条件によって変わることを説明してきた。実際には、特に、金型温度や保圧による変化が大きい。それに加えて、樹脂温度や射出速度にも影響を受けるので、非常に厄介である。さらに、経時的な変

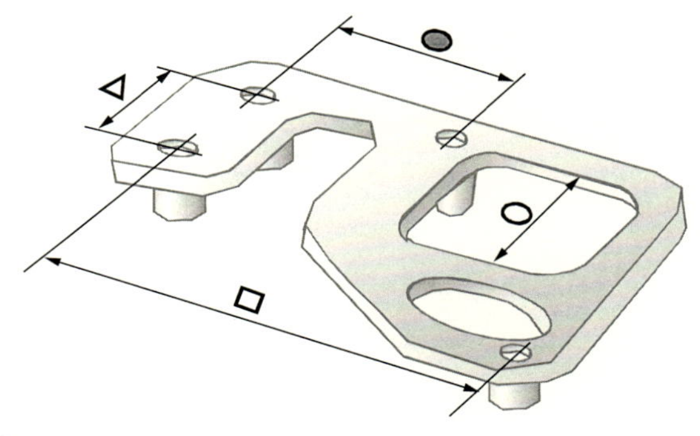

Point!!

各寸法には、それらの公差がある。測定寸法と基準寸法の差を、各片側公差で割った値は、基準寸法から実際の値がどの程度離れているかを示す無次元の数値となり、±1.0 以内が公差内となる。

図 6.8　成形品寸法管理部

化もあり、うまく整理しないと解析困難となる。経時的な変化についての解析方法は、後ほど説明する。これまでは、収縮率で説明してきたが、ここで、すでに出来上がった金型での成形品寸法を調整することが目的なので、成形条件と寸法の関係について説明する。

1つの寸法だけであれば、保圧を変化させることで寸法の大小はある程度調整可能であるが、設計上重要な寸法は、通常1つの成形品でも複数箇所ある。設計値には公差（許容幅）があるので、全ての要求寸法をそれぞれの公差内に入れる必要がある。

図 6.8 のような成形品の各寸法を例にとって説明しよう。それぞれの要求寸法には公差がある。公差はプラスとマイナスで値が異なっている場合もあるが、上下公差の中央値を基準寸法として基準寸法の上下（±）同じ値の公差と書き換える。そうすると、「(測定寸法－基準寸法)/片側公差絶対値」の単位は無次元となり、測定値が基準寸法からどれだけ離れているかを示す値となる。全ての寸法に対して、±1.0 以内が公差内であることを示し、1つのグラフ上にまとめることができる。そこで、保圧を変えて、成形品重量と各寸法部の無次元化された数値をグラフにするのである。**図 6.9** に、その例を示す。**すべての値が、±1.0 に入っている成形品重量の部分が適正な重量と**

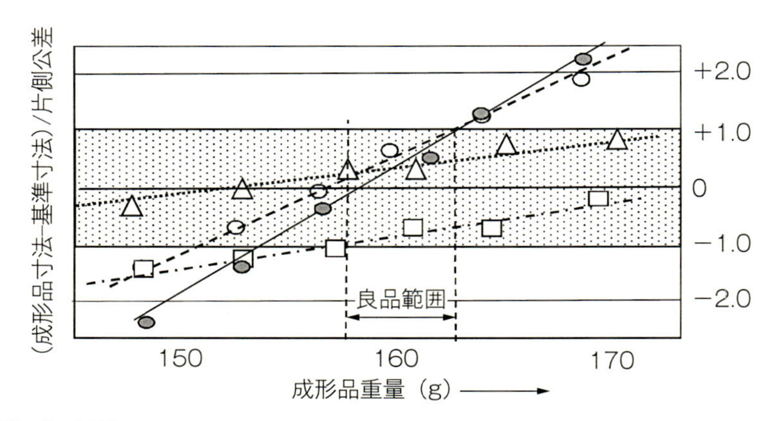

Point!!

保圧で成形品重量を変え、先ほどの無次元の各数値を表にする。全ての寸法に関して、無次元数値が±1.0以内に入る成形重量となる保圧範囲が、寸法が良品となる成形条件となる。

図 6.9　最適成形品重量

なり、この範囲の保圧が適正保圧条件となる。金型温度が高くなると冷却中の樹脂温度も高くなる。ゲートシールタイミングが同じだとすると樹脂温度が高いと成形品は軽くなり寸法は小さくなる。金型温度が変わると同じ保圧でも寸法も変わるが、成形品重量で揃えると整理できることも多い。

しかし、例えば 4 個の寸法のうち 3 個は OK であっても、残る 1 個が同時に OK となる保圧条件がない**図 6.10** のような場合もあろう。何とかそれぞれの寸法を独立に調整する対策方法が欲しい。そのような場合には、**図 6.11** のように**多段保圧を使うことで、圧力バランスを変えることを試してみよう**。先の線の関係が変わってくるので、図 6.10 のグラフは使えず、再度データを取り直すことになるが、うまく探し出せることも多い。**やみくもに多段保圧を使うのではなく、内部圧力バランスをどのように変えたいのかを考えながら使う**と時間の無駄にならない。

また、**バルブゲートを使っている場合には、寸法を大きくしたい部分に近いゲートを他に対して長く開いたり、寸法を小さくしたい部分はその近くのゲートを早めに閉める**など、それによって各部寸法を調整することもできる。**図 6.12** には、概念を示す。

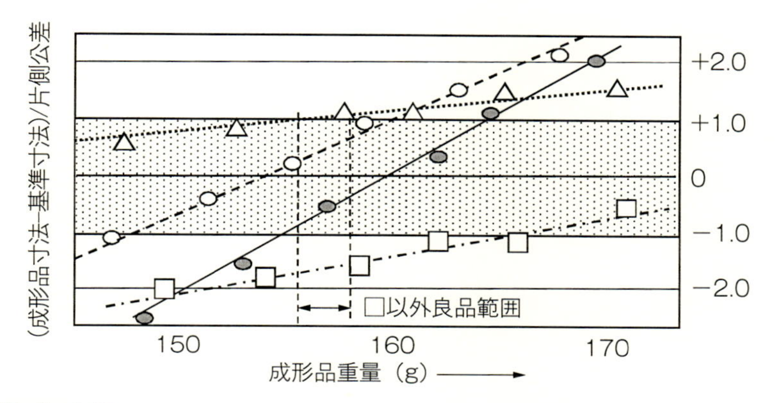

Point!!

場合によっては、全ての寸法が望み通りの公差内に入る保圧条件が見つからないかもしれない。その場合には、成形品の圧力分布状態を変えて再挑戦してみる。

図 6.10　全ての寸法が入らない場合

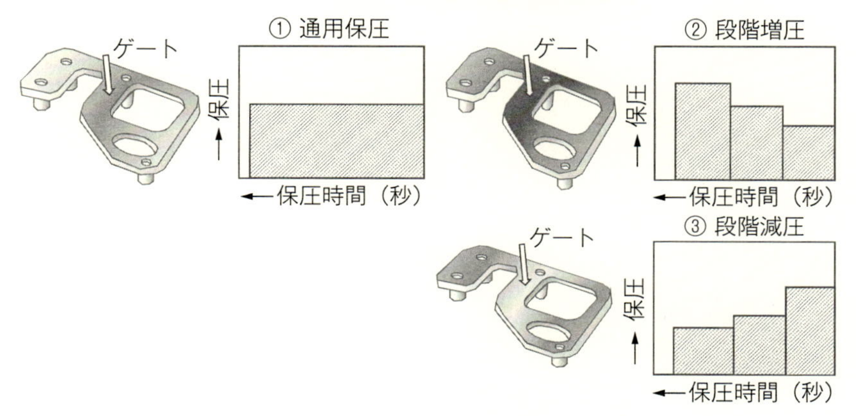

Point!!

図の色の濃さは、内部圧力の高低を示す。濃い色は圧力が高い。
①の通常保圧に対して、段階的に増圧した②の場合は、特にゲート付近の圧力を高くすることができる。また、段階的に減圧した③の場合には、ゲートからの逆流を使って、ゲート付近の圧力を下げることも可能である。この圧力分布の違いは、前の図のグラフの線図を書き換えることになる。

図 6.11　保圧による圧力分布の違い

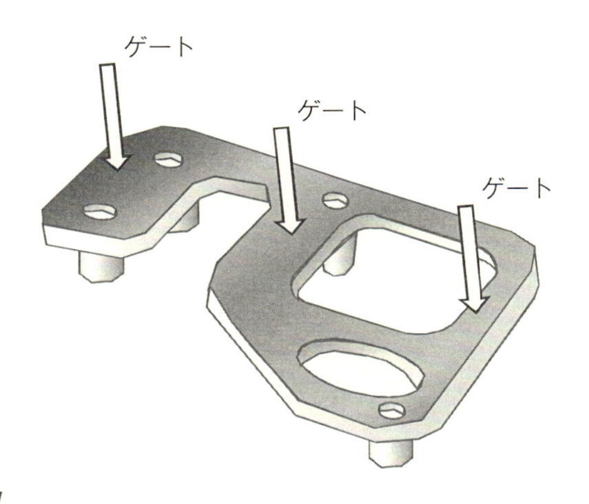

Point!!
バルブゲートを使うことで、それぞれのゲートを閉めるタイミングが独立に制御できる場合には、タイミングを変えることで、個別寸法を調整することもできる。

図 6.12　バルブゲートタイミングと圧力分布

このように考えると、**射出速度や樹脂温度を変えて、配向が変化することによって寸法に影響があるような場合にも、同様に、図 6.10 の線図関係を変えると考えて寸法関係の微調整に使う**とよい。すなわち、**射出速度や樹脂温度を変更し、保圧を変えて成形品重量と寸法のグラフをやり直してみる**のである。

6.2.2　寸法の経時変化

プラスチック成形品の寸法は、環境温度だけでなく、経時変化もするので、通常はある時間（例えば48時間以上）経過したあとの寸法で評価することが、客先との間でも事前に決められている。しかし、最終寸法を決定するために成形条件を調整している場合、48 時間後に結果がわかったのでは、現場の成形条件出しには何日もかかってしまうことになる。プラスチック成形品が経時変化するのは、内部の応力緩和や、結晶化収縮が続くことにもよるのである。実際には 48 時間後以降も寸法変化する材料もあるので注意が必要だ。

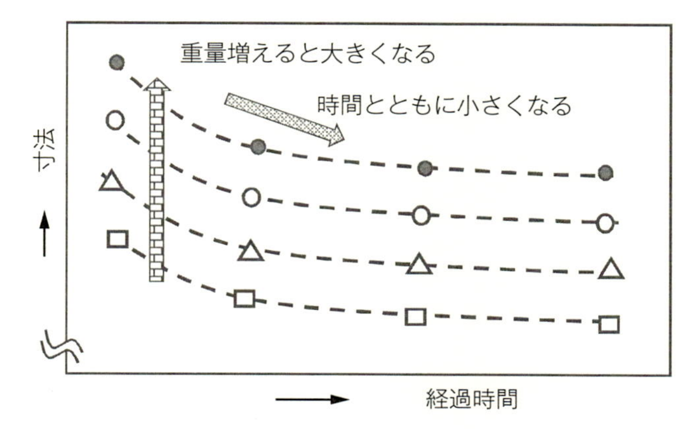

Point!!

成形品の寸法は、内部応力緩和や成形後収縮により、時間経過とともに小さくなる。横軸を時間として、成形品重量別の寸法変化の概念を示す。

図 6.13　成形品寸法の経時変化

概念的には、成形品の温度が内部まで常温状態になったとしても、ゆっくりと時間をかけて寸法は変化していく。例えば、成形２時間後の冷えた状態から、２日後では 0.1 %小さくなり、またその後さらに２週間で 0.1 %小さくなるなどだ。成形品重量を保圧で変えたデータを採取したとすると、**図 6.13** のようになる。このグラフの横軸は経過時間である。0.1 %程度は小さいと思うかもしれないが、成形収縮率が１%（10/1000）のものであればこの違いは無視できないこともある。横軸を成形品重量として書き直すと、**図 6.14** のようになり、これらをまとめて3次元のグラフで示して説明したものが**図 6.15** である。図 6.15 中の、矢視 A が図 6.13、矢視 B は図 6.14 となる。**図 6.16** には、成形品寸法の測定タイミング（成形後経過時間）を無視して、図 6.14 中の＊印部の重量と寸法の関係だけを整理しようとした場合の例を示す。計測タイミングを無視すると、データ整理が上手くできず、最適成形条件が見つけられない。

経時変化による寸法変化は、応力緩和あるいは結晶化の進行などによるものと考えられるので、寸法測定前にアニーリングをしてデータ整理する方法もある。しかし時間の途中経過がわからなくなる欠点がある。詳しい解析方法は省略するが、パソコンでも簡単に多変量解析もできるので使うと便利だ。

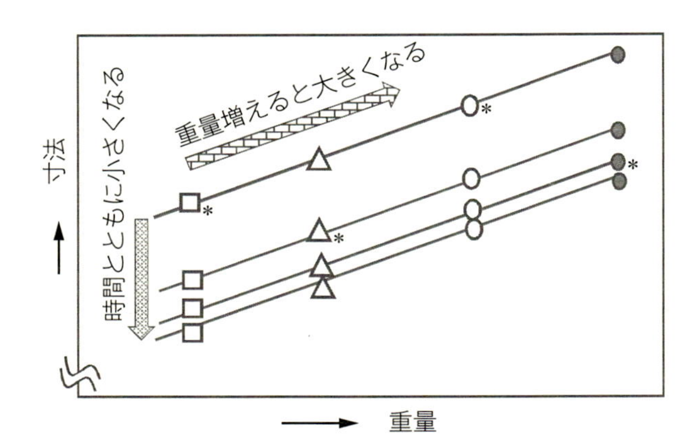

Point!!

成形品重量を増やすと、寸法は大きくなるが、これも経時変化とともに小さくなってくる。図中の＊印については後述する。

図 6.14　成形品寸法の重量変化

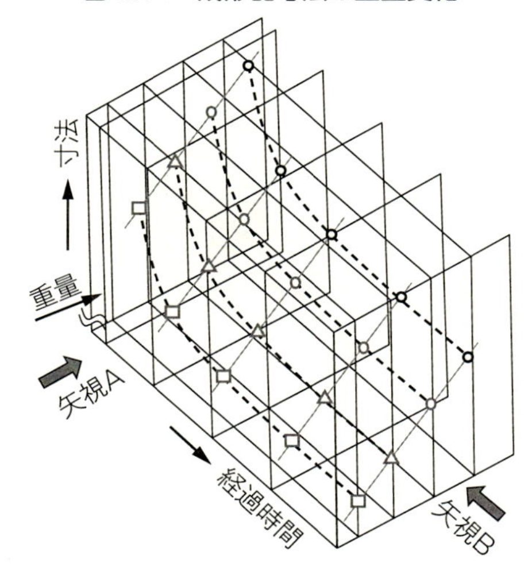

Point!!

寸法変化の様子を視覚的に理解しやすいように、3次元グラフで示す。理想的な場合の概念図である。パソコンの多変量解析が便利な解析ツールの1つだ。

図 6.15　成形品寸法の重量と経時変化

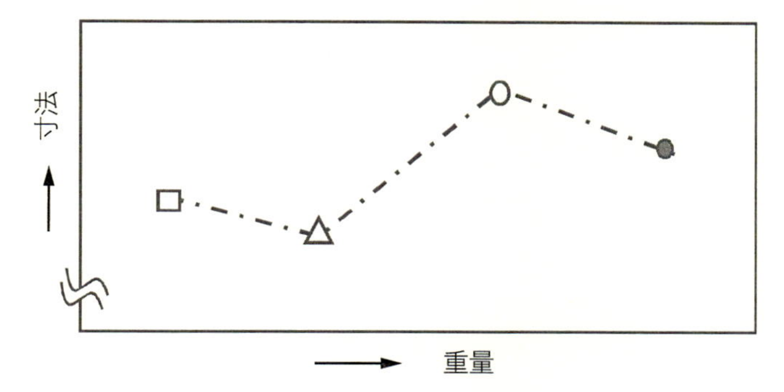

Point!!

図6.14の＊印のタイミングで成形品寸法を測定したとしよう。
寸法の計測タイミングを無視すると、成形品重量を変化させても単調増加にならず、解析が上手くできない。アニーリングした成形品で寸法を確認することも一案である。

図6.16　成形品寸法の測定タイミング

第7章
ウエルドライン

ウエルドラインとは、ウエルド（溶接、溶着）とライン（線）の合成語であり、金型内を溶融樹脂が流れるとき、2つ以上の流れが合流するところで生じる**図7.1**のような成形品表面の線状の成形不具合である。図7.1は、2つのゲートからの溶融樹脂が真正面からぶつかってできる線である。この線は、

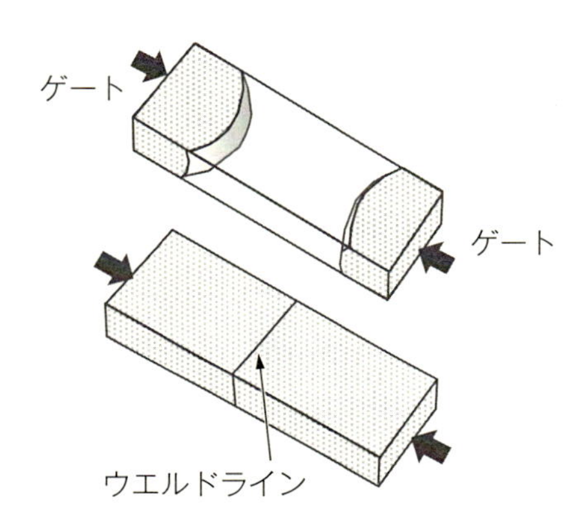

Point!!

溶融樹脂が正面からぶつかってできた溶着部の線（ウエルドライン）。

図7.1　正面からぶつかるウエルドライン

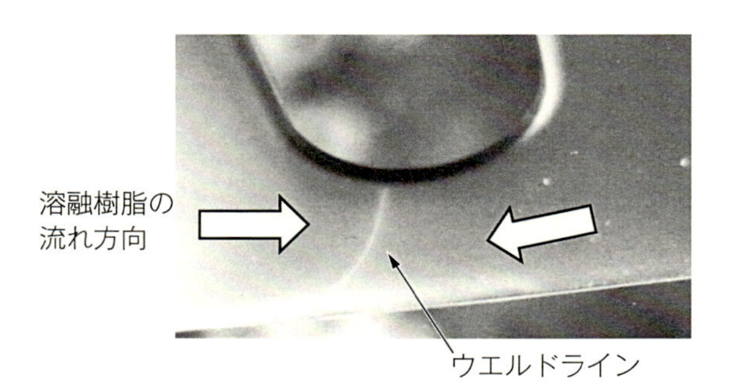

Point!!

この写真では線状のウエルドラインが白く見えている。これは表面の傷状だけでなく、ガス逃げ不良も複合しているものである。これについては図7.12、7.13にて説明する。

図7.2　実際のウエルドライン

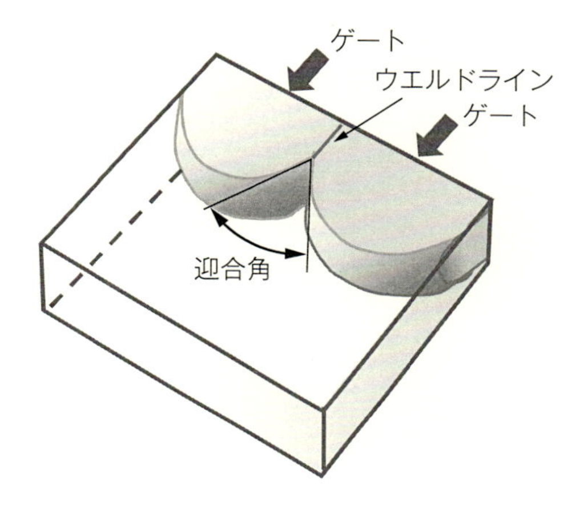

Point!!

2つのゲートから出た樹脂が出会ってできるウエルドライン。出会う角度は迎合角と呼ばれる。

図 7.3　2点ゲートのウエルドライン

成形品の表面に傷状の跡を残して目立つので、外観を問題視する成形品では通常は成形不良とされる。**図 7.2** は実際のウエルドラインの様子である。**図 7.3** のように、同じ側のゲートから流れ出て出会った溶融樹脂がウエルドラインを作る場合もある。

ウエルドラインは今では CAE の流動解析で事前に精度よく予測できる。しかし、実際に金型が出来上がって成形してみると、ウエルドラインのでき方、見え方が流動解析結果と違うと現場では困惑することがある。

この理由は、CAE と実際の成形条件が違っていることが多い。CAE のウエルドラインのでき方と実際のでき方は、ショートショットを使って比較してみると途中工程の違いがわかる。

成形条件によって異なるウエルドラインの例を見ていこう。

7.1　事前予測と実際との違いの対策

現場でのウエルドライン対策としては、2つのことを知っておくとよい。

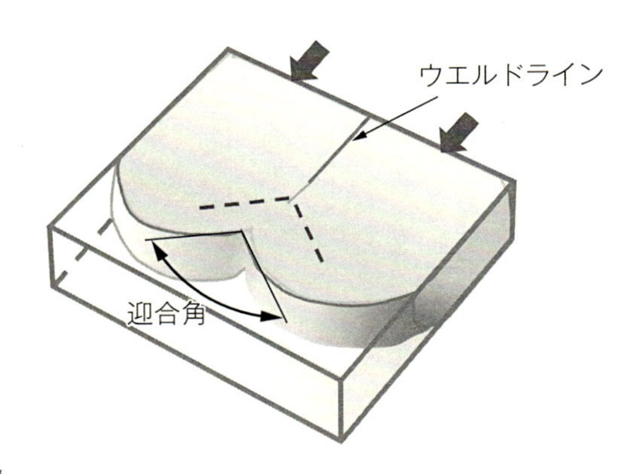

Point!!
迎合角がある角度より大きくなると、表面の傷状ウエルドラインは見えなくなる。

図 7.4 溶融樹脂迎合角が広い場合

1つ目は、ウエルドラインの線が、**図 7.4** のように溶融樹脂が合流している場合でも、途中から傷状の線（ライン）が消えることである。合流角度がある広い角度（120〜130° 付近）の場合には、表面の線が見えなくなることが知られている。この合流する角度は迎合角と呼ばれている。すなわち、この溶融樹脂が合流しても、この**迎合角をある角度より広くできれば、ウエルドラインを見えなくすることが可能**である。**図 7.5** には、その例を示す。多点バルブゲートの場合には、それぞれのバルブゲートを開くタイミングでウエルドライン位置や迎合角を調整できるが、この調整方法については、ウエルドラインだけでなく、その他の問題にも関係するので、別途改めて説明する。ここでは、ゲートの開閉を調整できない通常の金型の場合を考える。

2つ目としては、ショートショットのところで説明した、**肉厚が不均一な成形品では、射出速度の違いによって流動パターンが違ってくる**ことである。ここで、事前の流動解析結果と実際でのトライの結果が異なっている場合、まずは射出速度を変えてみることだ。

よく知られている例として、例えば**図 7.6** のような側壁に肉厚差がある箱状成形品での、射出速度の違いによるウエルドラインの違いを見てみよう。**図 7.7** には、2つの材料での CAE 解析結果を、**図 7.8** はその結果できるウエルドラインのイメージを示す。射出速度が速いと、溶融樹脂の迎合角が開

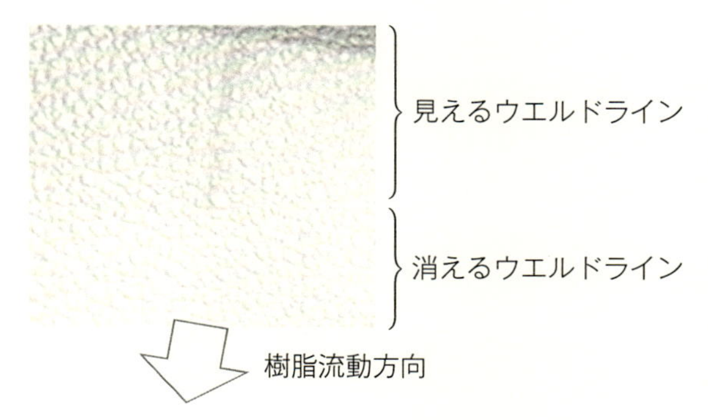

Point!!

迎合角がある角度以下のところでは、表面に傷状の線が見えるが、この角度が開いてくると、表面の線が見えなくなる。

図 7.5　消えるウエルドライン

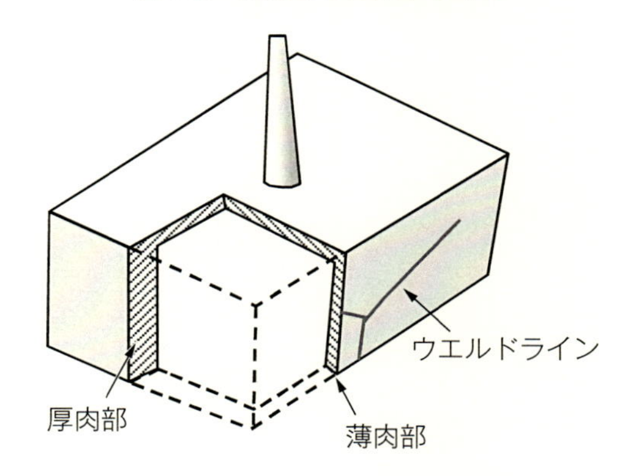

Point!!

1つの成形品に肉厚の違いのある部分が共存する場合、射出速度の違いによって流動パターンが異なることが多い。

図 7.6　厚肉部と薄肉部でできた箱

いてきており、3本線が交わる点が下方に動き、また一部は消えているのがわかる。

すなわち、**ウエルドラインが事前のCAE結果と違っている場合には、流動速度を変えて、ウエルドラインのでき方の違いを観察すること**である。こ

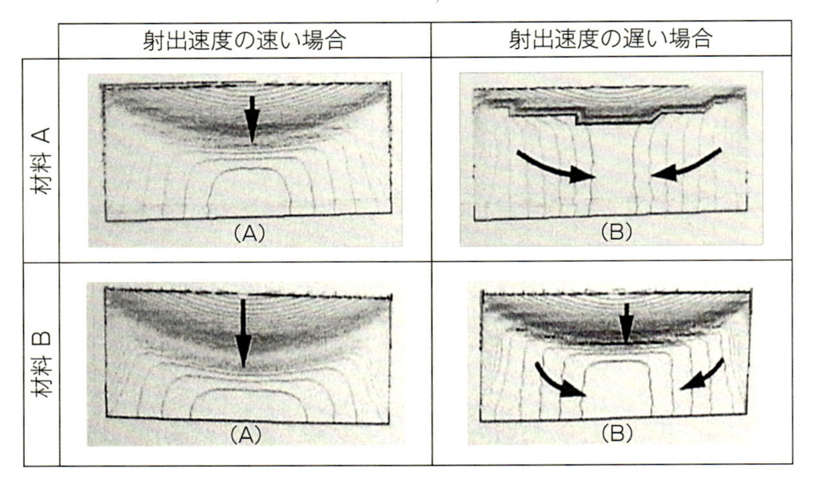

Point!!

図7.6のような成形品の流動解析を、材料と射出速度を変えて試すと、流動パターンに違いがある。溶融樹脂の迎合角にも影響を与え、ウエルドラインのでき方が違ってくる。実際の成形でも同様。

図 7.7　肉厚不均一な成形品の流動パターン（CAE）

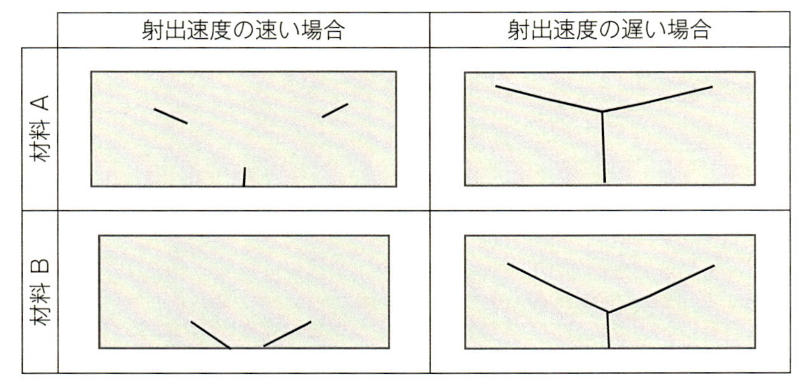

Point!!

流動パターンが異なると、溶融樹脂の迎合角が違ってくるので、ウエルドラインのでき方にも違いがでる。射出速度の速い右側は、ウエルドライン交点が下方に下がって短くなり、一部消えている。

図 7.8　流動パターンの違いとウエルドラインの違い

れから言える一般論としては、**ウエルドラインの位置やパターンが変わることを期待するトライとしては、射出速度を変化させる**ことである。

類似の例として、成形品に穴が開いている（金型はピン）**図7.9**や**図7.10**のようなボス部の場合、ピンで溶融樹脂が分離されてウエルドラインを作る。

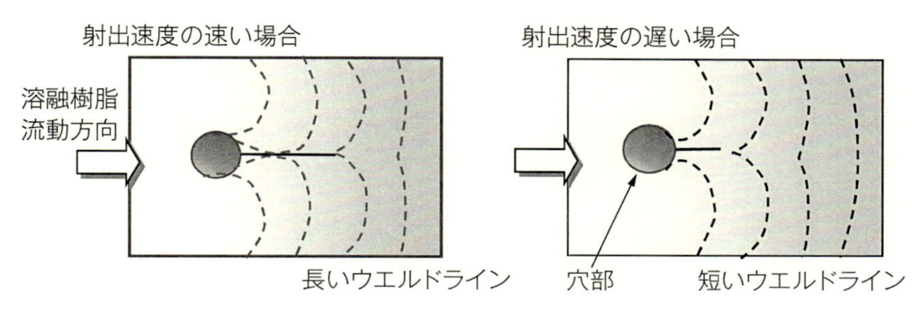

Point!!

金型のピンによって溶融樹脂流動が分離されてできるウエルドラインの場合、この部分での射出速度を遅くすると、流動がピンにまとわりつきやすくなり、ウエルドラインの長さが短くなる。

図7.9　穴の開いた部分にできるウエルドライン

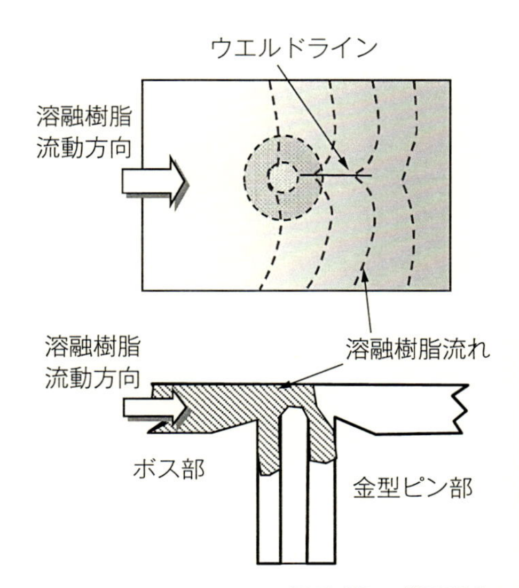

Point!!

ボス部の穴部（金型側ピン）でも、ピン部でウエルドラインができやすいので、射出速度とこのピン長さの調整で対策する。

図7.10　ボス部ウエルドライン

この場合にも、この**穴部を通過するときの射出速度を遅くすると、ウエルドラインが短く**なる。ボス部については、ショートショットのところで、**ピン長さの調整**についても説明しているので参照してほしい。

さらに、これもショートショットのところで説明した（P65）が、**図 7.11** のように、流動方向に肉厚が急拡大するような場合にも角部に溶融樹脂が流れ込まずシャープエッジになりにくかった。このとき射出速度が速いと、角部付近に、型傷かと思われるようなウエルドラインとなることがある。これは、先に角に入らず流れたものと、内部圧力が増加して角方向に向かって流れる２つの流れがぶつかってウエルドラインとなったものである。この場合も、**ショートショットの対策と同様に、角部での流動速度を遅くして対策**する。

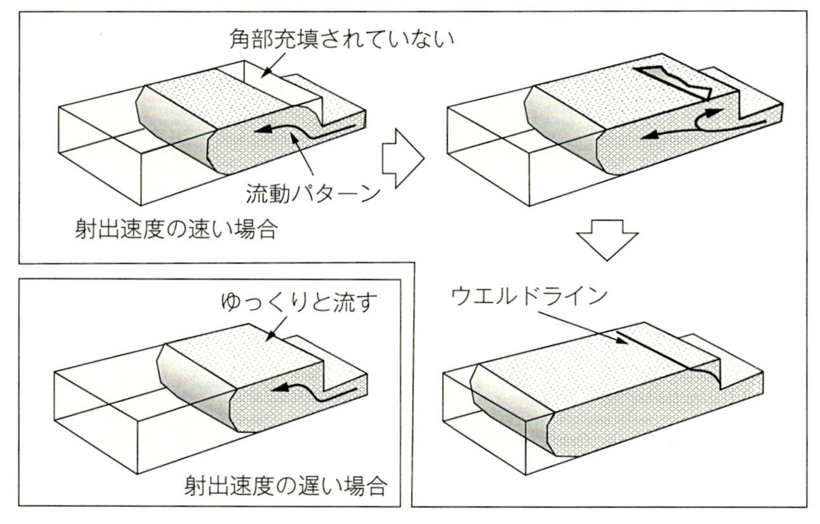

Point!!

肉厚が流動方向に急に拡大するような形状の場合、まず角部がショートショットになりやすく、その後で角部を充填する。この場合、先に入った樹脂とあとから入る樹脂との間にウエルドラインが生じることがある。これはショートショットのところで説明したように、この角部での流動速度を遅くすると流れ方が変わる。

図 7.11　急拡大部のウエルドライン

7.2 各種ウエルドライン対策

7.2.1 ウエルドラインを薄くする対策

非晶性樹脂で流動中に金型表面温度をガラス転移点以上に高くして、冷却時には金型を冷やす急加熱急冷却法は、従来テレビなどの家電製品の樹脂枠のウエルドライン対策として開発されてきた。すなわち、**ガラス転移点温度以上とすることで、固化したスキン層ができていない間に樹脂がぶつかれば、成形品表面に傷跡が残らない**。

ただし、この成形法には、金型の冷却水経路を成形品と非常に近い場所に設ける必要があり、急加熱装置自体も必要となるので、簡単に通常の現場対策用とはいかない。しかし、スキン層を薄くすることで、**傷状の線を浅く薄くするという点では、金型温度をなるべく高くする**ということは対策方法の1つである。これは客先受け入れ条件との調整次第であろう。結晶性樹脂では効果を期待することは難しいが、非晶性樹脂では効果は期待できる。

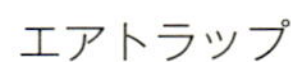

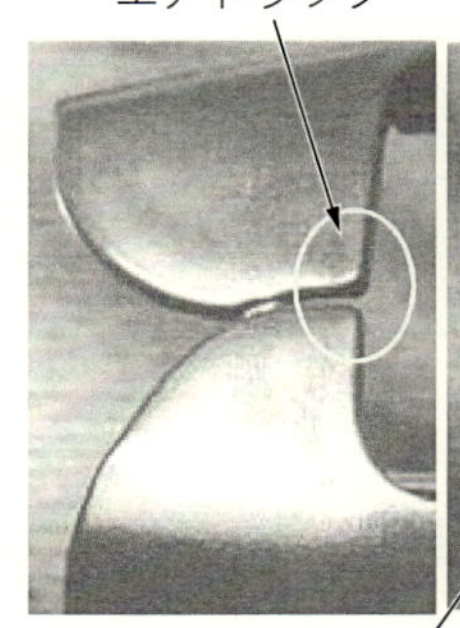

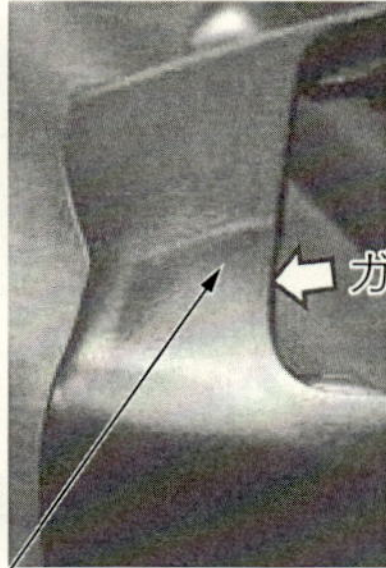

Point!!

迎合角はまだ狭いが、金型温度が高いのでウエルドラインは薄くなりつつある。しかしエアトラップがガスベント位置とずれているので、まだウエルドラインは濃い。

図 7.12 エアトラップ部ウエルドライン（ABS）

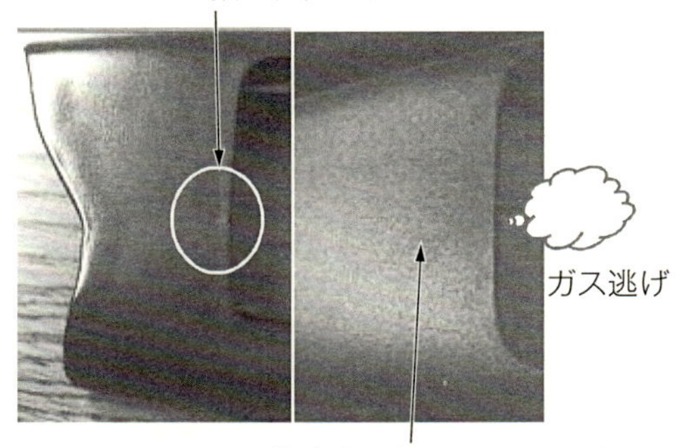

Point!!

射出速度パターンを変更して、ガス抜き部にウエルドラインを移動。金型温度も高くしてシボの転写もよくしたことで、ウエルドラインが目立たない。

図 7.13　ガス抜き部ウエルドライン（ABS）

図 7.12 および**図 7.13** は、ABS 製品で金型温度を高くしている例である。迎合角は狭いがウエルドラインは目立ちにくい。図 7.12 は、ガス抜き不良のため、ウエルドラインが濃くなっているが、ガス抜き位置にウエルドラインを誘導した図 7.13 では、ウエルドラインが見えにくくなっていることがわかる。この例は、射出速度を調整してウエルドライン位置を動かしたが、**最終成形条件が決定すれば、その位置に合わせてガス抜きを削ってもよい**。

7.2.2　配向によるウエルドライン部の見え方と対策

成形品の寸法問題のところで、収縮率が配向状況によっても違うことを説明した（P117）が、これは同様にウエルドライン部にも影響する。通常は、肉厚方向の収縮率が配向によって違いがあったとしても、肉厚自体が薄い（小さい）ので、その寸法絶対値の違いは大きなものではない。

しかし、**図 7.14** のように、流動中に、ガラス繊維やタルクなど寸法が無視できない程度に大きく、また異方性が大きいものが配向すると、その配向によって収縮率が大きく影響を受けて盛り上がったような状態を示すことが

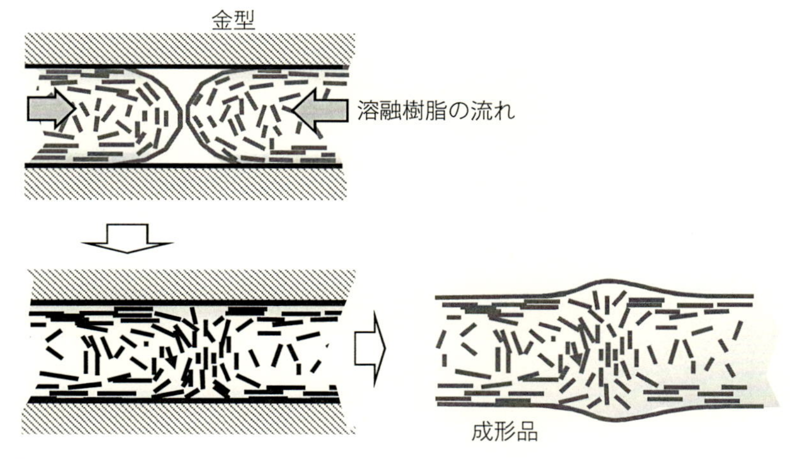

Point!!

流動時のせん断応力を受けて、形状的に異方性のあるタルクやガラス繊維などは配向する。溶融樹脂の迎合部は、配向によって収縮率が周辺より小さくなり、盛り上がりとなりやすい。

図 7.14　配向による収縮率差

ある。その盛り上がり例と対策結果を**図 7.15** に示す。配向の程度が大きいことが原因なので、その**原因となっているせん断応力を小さくするように、樹脂温度を上げて粘度を下げ、射出速度も遅くすることが対策**となる。これも寸法問題のところで説明したことと通じるものである。

図 7.16 は、アルミフレークのメタリック材料入りの ABS 成形品であるが、表面の傷状のウエルドラインは金型温度が高いので見えていない。しかし、添加材が配向した部分は暗く見えている。メタリック感は、表面より少し内部でのアルミフレークなどがランダムに乱反射して見えるのである。しかし、溶融樹脂の迎合部ではこれが配向し少し深いところまで見えるようになっており、黒く見える線となっている。このことは、**図 7.17** に示すブラインドカーテンの原理と同様である。微妙な透明性が添加物の配向程度の違いを目立たせている。**添加材の形状異方性を等方性に近づければ、このウエルドライン部の配向度合いも小さくすることができる**。

家電製品の枠などに使われているピアノブラックとも呼ばれる非常に深い

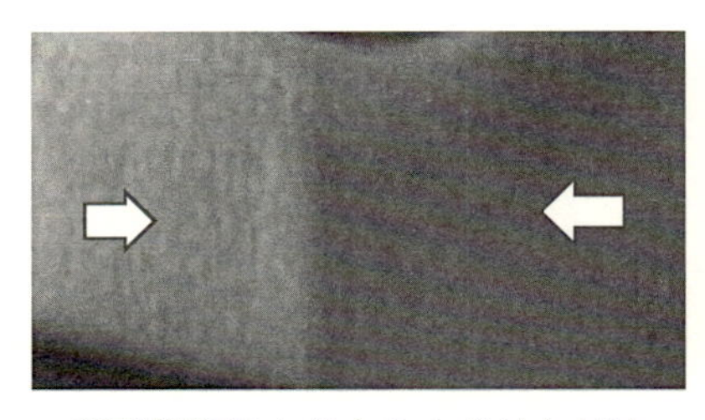

溶融樹脂迎合部タルク盛り上がり

タルク盛り上がりの解消例

Point!!

ウエルドライン部が盛り上がっているものは、射出速度が速い場合である。流動時のせん断応力を小さくして、タルクの配向を弱めるために、樹脂温度を高くして、射出速度を遅くすることで対策したものが右側である。

図 7.15　タルクの配向によるウエルドライン盛り上がり

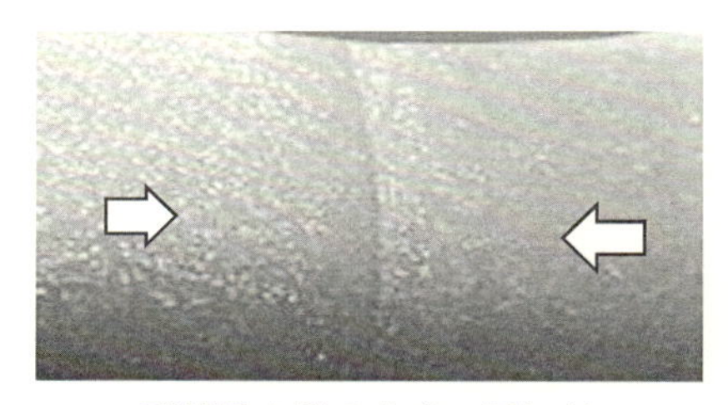

形状異方性の大きい添加材

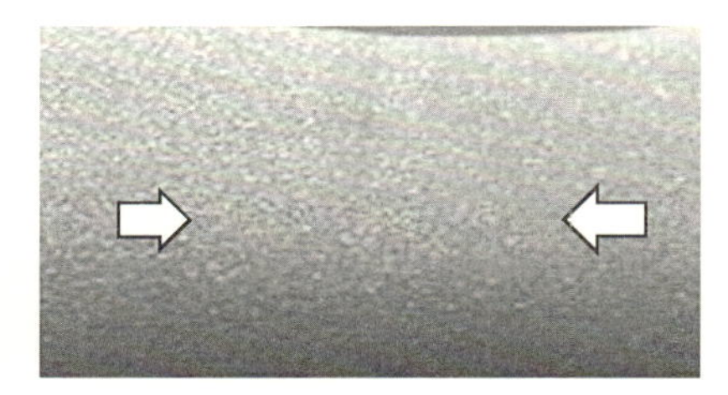

形状異方性の小さい添加材

Point!!

このABSのウエルドラインは、金型温度を高くしているため、表面の傷は目立たない。しかし、添加材の形状異方性が大きいと配向しやすくなるため、ウエルドライン部での添加材配向が強く現われ、この部分が暗くみえている（左図）。添加材形状を等方性に近づけると、配向の影響を受けにくいのでウエルドラインも目立ちにくくなる（右図）。
ABSのブタジエンの配向が問題で、ウエルドライン部が暗く見えることもある。

図 7.16　添加材の形状異方性を変えた場合

Point!!
添加材が配向している部分は、ブラインドカーテンの上図の場合、ランダムな状態は下図の場合に例えられる。上図の場合は隙間から後ろが暗く見え、下図の場合はカーテンが光を反射するので明るく見える。

図 7.17　ブラインドカーテンの原理

黒さの ABS 成形品でも、表面の傷状ウエルドラインは消えているが迎合部に色むらのような線が見えることがある。これは ABS 中のブタジエンが配向して色むらに見えているのである。この原因も技術的にすでに知られているので、材料自体の改良も行われている。

7.2.3　光沢調整で見えにくくする方法

シボ品などで、2つの流動がぶつかる場所にできるウエルドラインの部分を見ると、ぶつかった線の周囲の光沢が周辺部よりも高くなっていることがある。この部分を拡大観察すると、シボの転写不良のところで説明するような線の両側表面がミクロのショートショットとなっていることで光沢が高くなり、この光沢部とその周辺の光沢差がウエルドラインを目立たせていることがある。この場合、この光沢のよくなった部分の金型部を粗くして光沢を低くすることを考えがちであるが、本来、この部分はミクロのショートショ

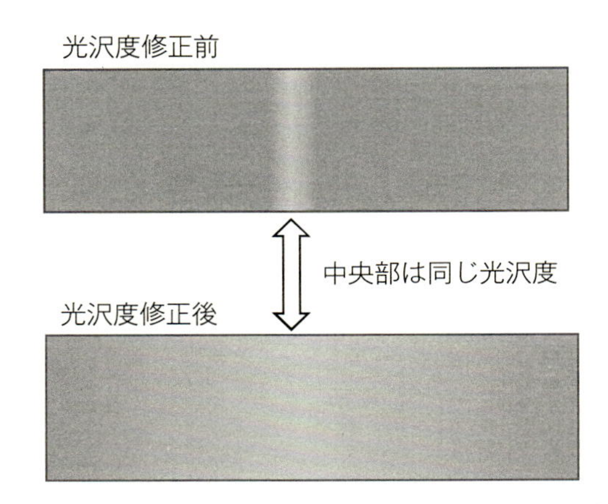

Point!!

ウエルドライン部は、ミクロのショートショットとなっており、シボ転写が浅いため光沢が高い。
ウエルドライン部の光沢に周辺を合わせて調整するとウエルドラインが見えにくくなる。

図 7.18　光沢度調整によるウエルドライン対策

ットで転写性が悪くなっているために光沢が高いので、金型の光沢を下げてもウエルドライン部の光沢は下がらない。

逆に、**図 7.18** のように、この**光沢の高くなった部分に接続する部分の光沢を少し上げて周辺に向かってぼかしていくと**ウエルドラインが目立ちにくくなる。ウエルドラインや色むらなど、ミクロのショートショットなどで成形不良が目立つ場合には、その部分と周囲との境界をぼかし処理する方法である。光沢や色は周辺とのバランスで光沢が高く見えたり、白っぽく見えたりする。光沢を上げるか下げるかは、周辺とのバランスによる。

第8章
フローマーク

フローマークは英語で書くとFlow Markであり、直訳すると「流れ模様」となる。「流れ模様」は、射出成形中の流動中にできた模様ということになるので具体性に欠ける。そのため、日本語で言うところのフローマークは、英語ではFlow Markとはほとんど言わない。ここで言うフローマークは、縞状模様のことであるので、虎縞（Tiger Stripe）模様とか、縞馬（Zebra）模様と呼ばれる。しかし、その縞状模様にもいろいろなタイプがあり、その発生原因によって対策方法も違ってくるので、ここではそれらの違いを説明する。

8.1 溝状フローマーク

今ではレコードはCD、DVDに代わってきているので、身近にレコードを見ることも少なくなってきた。だが、音楽関係では今でも一種楽器のように使われているので、若い人でも知っているだろう。この種のフローマークは、短い周期の波（縞）模様である。**図8.1**に、このフローマークの例を、また**図8.2**にその原因を示す。このタイプのフローマークは、流動先端速度が遅い場合に発生しやすい。その先端部にできるスキン層部が冷却されるとき、そのスキン層がめくれるように丸まろうとして、その中を、溶融樹脂が流動するとき、また次のめくれを繰り返すことで発生する。樹脂温度や金型温度

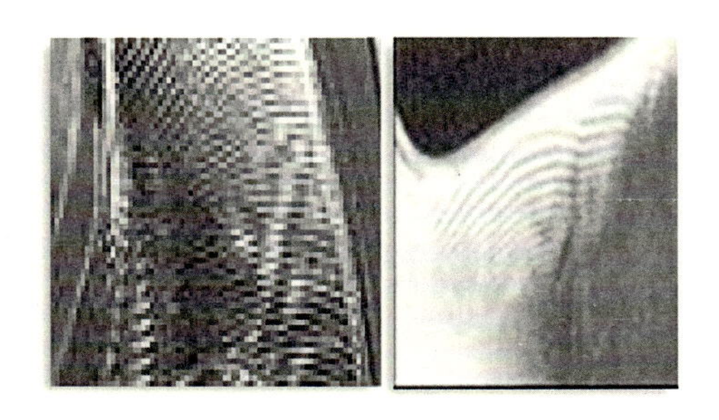

Point!!
流動速度が遅いところで発生しやすいレコードの溝状フローマークである。

図8.1　レコード溝状フローマーク

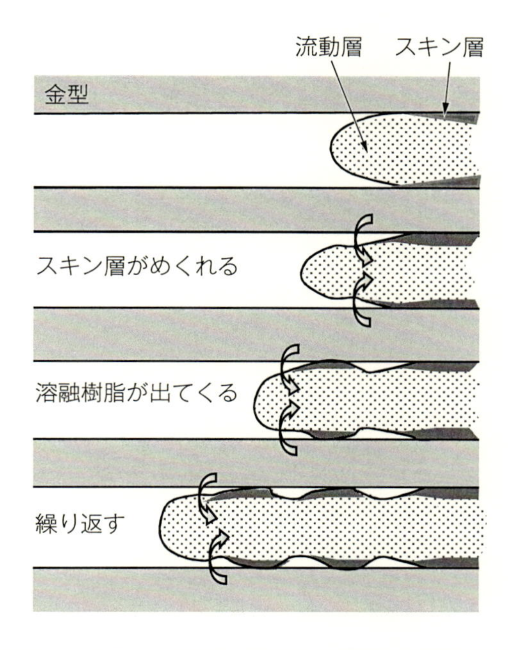

Point!!

スキン層が固化進行中、めくれ上がりを繰り返す中を溶融樹脂が流動することにより発生。スキン層を押し付けながら速く流すと解消。

図 8.2 レコード溝状フローマーク発生過程

を高くすることで直ることはあるが、最も効果的なのは、**射出速度を速くすることで、スキン層のめくれを押さえつけながら射出する**ことである。

成形品の形状的には、**図 8.3** のような肉厚が拡大変化する部分で、金型内の溶融樹脂の流動速度が急に遅くなる部分などに発生しやすいが、この場合にも、**形状に合わせて射出速度を速くする**。

また、最終充填付近でこのようなフローマークが発生することがあるが、この原因は、保圧切換え後の樹脂速度が急に遅くなったことによる。保圧切換え点で、速度と圧力を同時に変えたりすると、ヘジテーション（ためらい流れ）が発生しやすい。最近の機械では、保圧工程の速度設定も独立にできるものが普通になっているので、充填完了のところでは、これらを上手に調整しよう。機械の設定や、バリ、ショートショットのところでも説明しているが、ここで再度復習として充填間際のなだらかな切換え方法を**図 8.4** と**図**

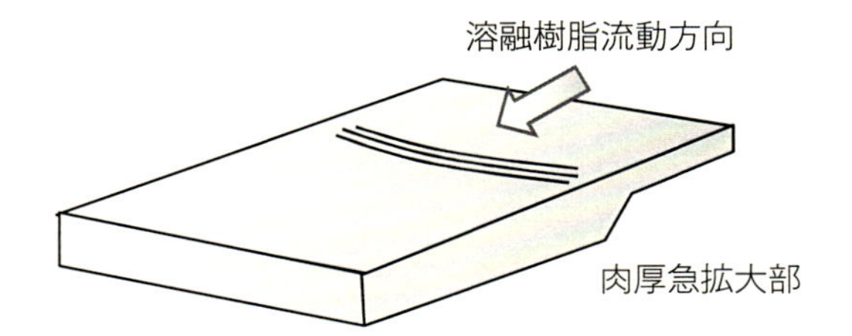

Point!!

流動方向に肉厚が急拡大しているとき、この場所で流動速度が急に遅くなることや、保圧切換え時の急低速化などによっても、フローマークが発生することがある。

図 8.3　肉厚急拡大部フローマーク

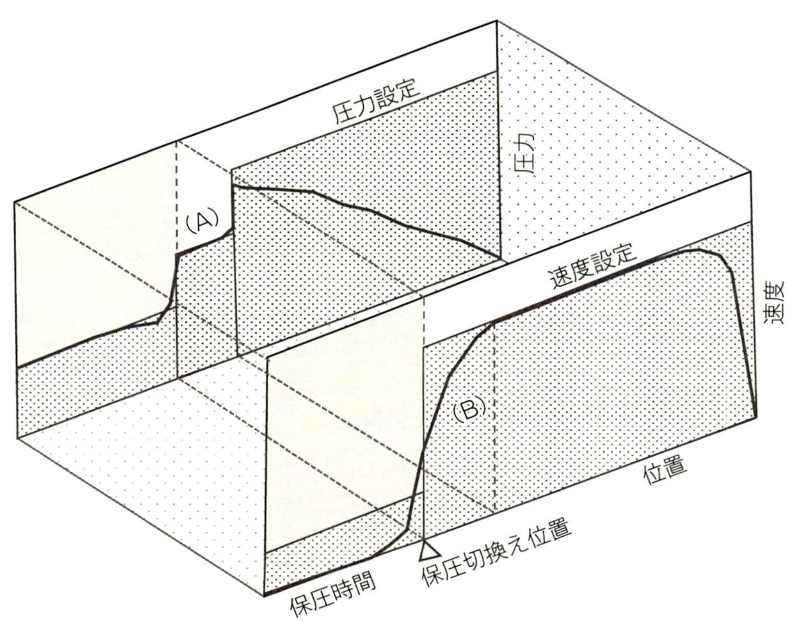

Point!!

保圧切換え時に、圧力と同時に速度も変化すると、ヘジテーションが発生し、これがフローマークの原因となることがある。圧力だけ低下して圧力制御として速度を自然低下させてフローマーク対策とする方法。

図 8.4　保圧切換え前速度低下

8.5 に示した。図 8.4 は、**射出工程の最終段の圧力を使用して、速度を圧力制御とした**例、図 8.5 は、**保圧工程の最初の圧力を使用した**場合である。どちらであっても、効果は同じだが、この圧力を変化させているときには、速度は変化させない。この両者の違いは、射出工程の位置切換えか、保圧工程の時間切換えか、という点だけである。

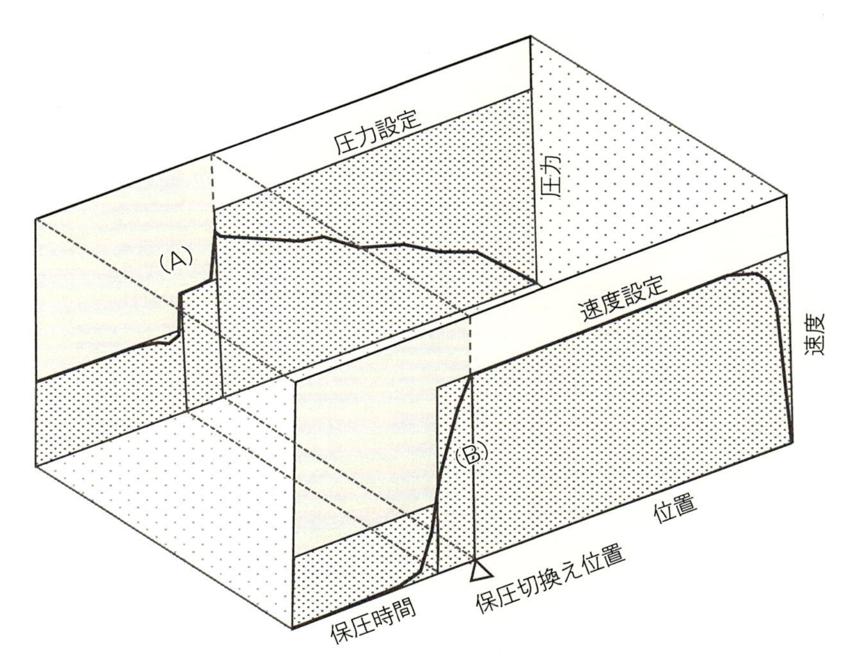

Point!!

保圧切換え後、保圧速度設定を射出工程と同じにすることも同様の効果がある。保圧切換え前圧力低下と違っているのは、位置切換えか時間切換えの違いである。図 8.4 と同じにするには、射出の最終段への切換え位置を保圧切換え位置とする。この場合、図 8.4 の保圧切換え位置は図 8.5 の保圧時間中のどこかの点となる。

図 8.5　保圧使用速度低下

8.2 流動時樹脂ずれフローマークと同期揺れフローマーク

図 8.6 は、樹脂の粘度が高く、流動中にスキン層が引きずられてちぎれることで生じるフローマークの発生過程である。**図 8.7** に、この例と対策を示す。**粘度が高いことが原因なので、樹脂温度を高くして粘度を下げることで解決**している。

次に**図 8.8** の例は、流動中に圧力振動が発生して、これが速度の振動となる過程を説明している。この速度振動は、フローフロント速度が速くなった

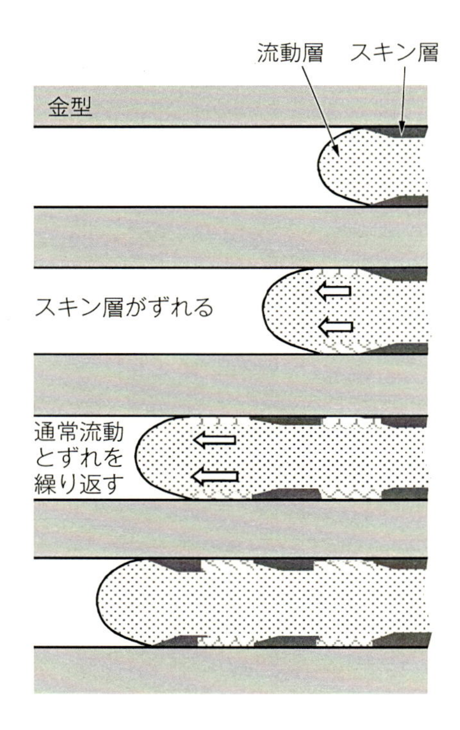

Point!!

スキン層が流動時に破れたり、ずれが発生すると、その模様がフローマークとなることがある。粘度が高い場合に生じやすい。

図 8.6　表面のずれフローマーク

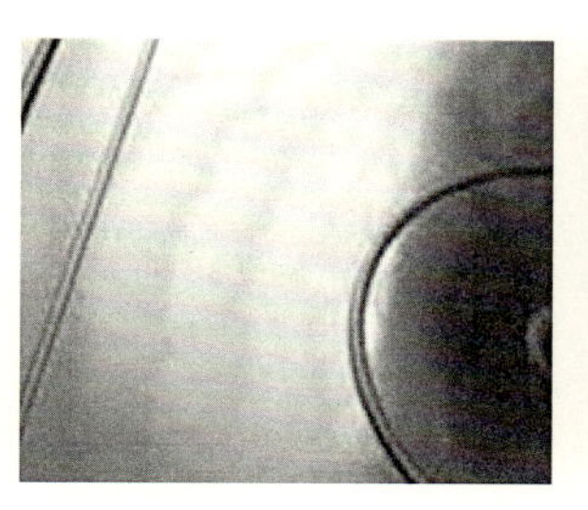

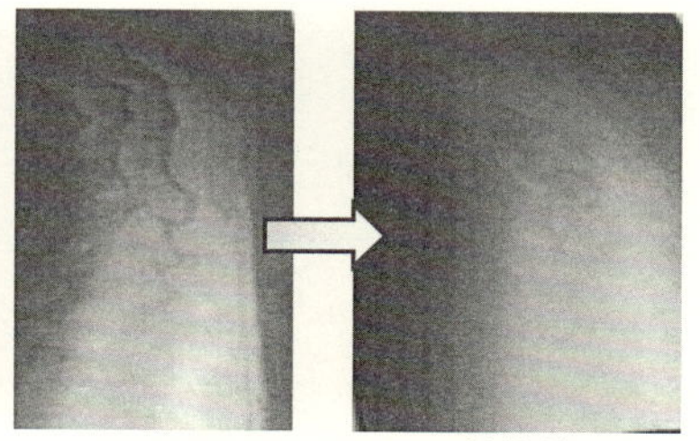

Point!!

粘度を低下させるべく、樹脂温度を高くすると解決する。

図 8.7　表面ずれフローマーク例

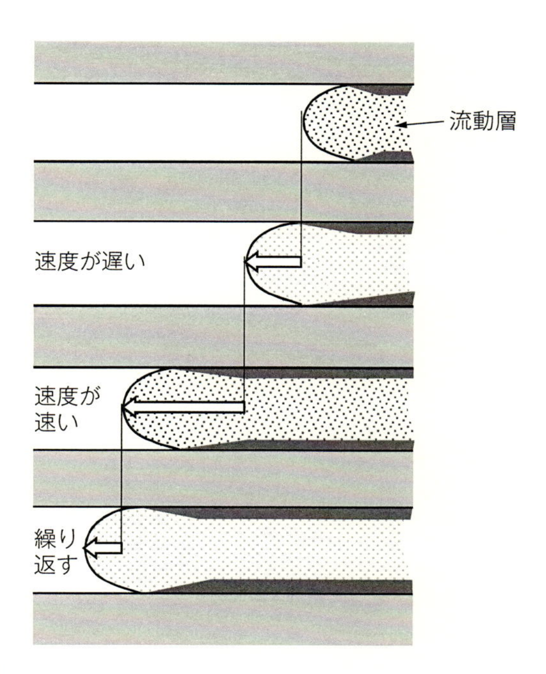

Point!!

流動速度が振動するように、速度が速くなったり遅くなったりすると、
それに伴う模様がフローマークとなる例。

図 8.8　同期ゆれフローマーク

り遅くなったりするものである。この原因は、樹脂温度にむらがあることだ。溶融樹脂の温度むらは粘度のむらともなり、ピンゲートなどの小さなゲート部流動時の圧力抵抗が影響を受ける。ゲートを大きくすることも対策の1つであるが、本来の設計目的から外れるので好ましくない。他の条件をトライしても対策できない場合の最終手段としよう。成形条件対策案としては、**樹脂温度を高くするか、樹脂温度の均一化を図る**ことにする。**転写性をよくする対策案として、金型温度を高くすることも補助効果**となる。

もうひとつ似た挙動を示すフローマークがあるが、これを**図8.9**に示す。このケースでは、流動がゴム的な場合、速度が遅くなるのではなく、一時的に停止する。流れが一旦停止するのは圧力が低いためであり、その後、内部圧力が徐々に高まってくると一挙に流動する。今度は、一挙に流動したこと

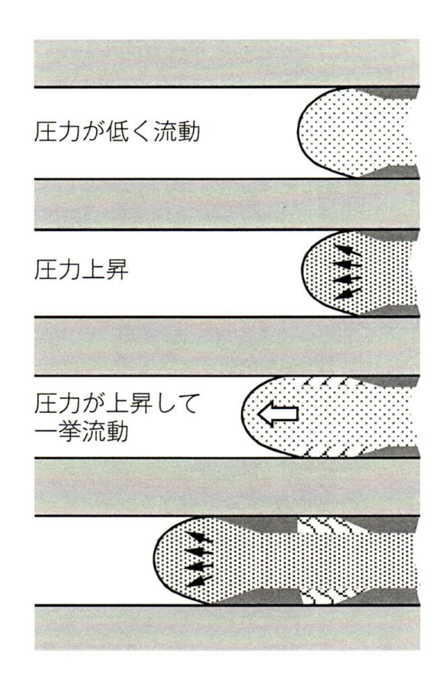

Point!!
流動がゴム的な動きをする場合、内部圧力がある値以下では停止し、圧力が上昇すると再度流動開始する。
これがフローマークとなる。

図8.9　ゴム的流動フローマーク

で、内部圧力が急激に低下して再度流動が停止する。このことを繰り返す。エラストマーなどの材料で発生しやすく、流動時の速度が遅いことが圧力の立ち上がりを遅くしているのが原因であり、射出の開始時や、保圧切換え点で発生することが多い。特に保圧切換え後は、充填された容積が大きいので、一旦圧力が低下して再上昇するとき、ゲート近くばかりに圧力がかかる。末端まで圧力が届きにくいことで、ゲート付近の寸法が大きくなっても、流動末端にフローマークやショートショットが発生することもある。

この対策としては、**流動が停止するような低い圧力とならないように、速い速度で射出することと、充填ぎりぎりまで射出で入れ込んだあと保圧は使用しない**ことである。

8.3 首振り流動によるフローマーク

特に自動車関係で問題となり、世界各国でも長い間悩まされてきたタルク入り PP 系材料のフローマークがある。インパネやバンパーなどで発生して、発生すると現場での解決が非常に困難な難問である。これを図 8.10 に示す。

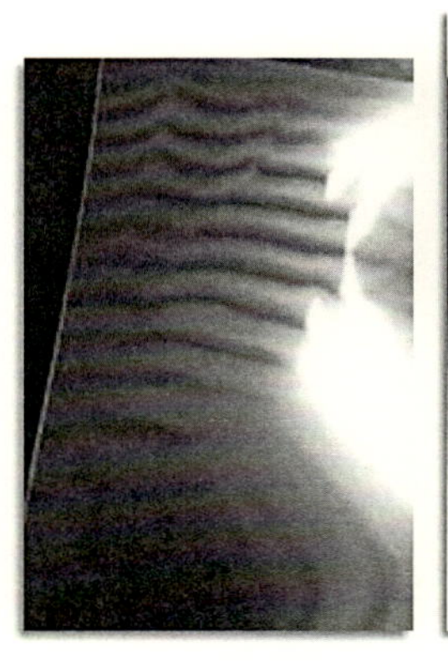

Point!!

流動先端が首振りをしながら、表裏に位相のずれた模様のフローマークを作る。樹脂改良が必要な場合が多く厄介な問題である。

図 8.10 位相ズレフローマーク例

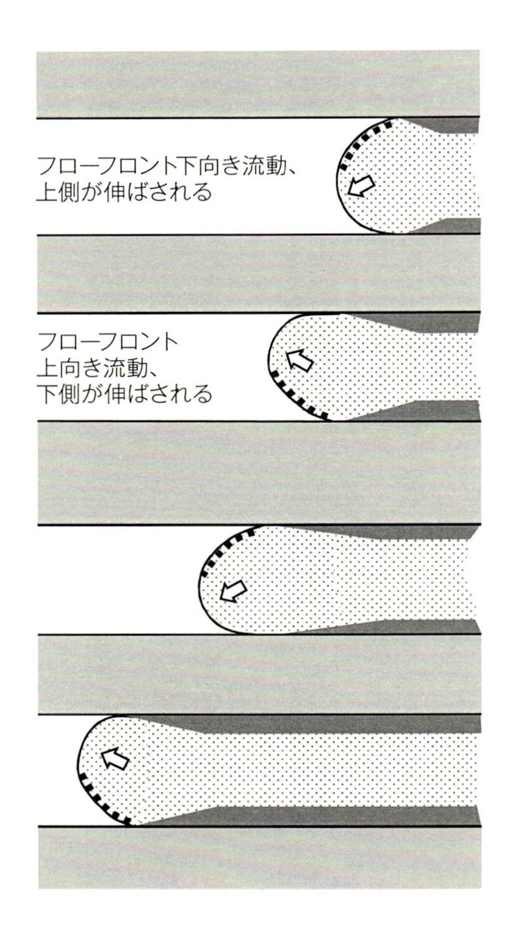

Point!!

流動先端が首振りをする原因は、樹脂自体の複雑な粘度特性と言われており、成形条件で対策できる範囲は非常に狭いが、可能性はある。

図 8.11　首振り流動フローマーク

この発生過程は成形加工学会でも発表されており、**図 8.11** で説明する。このフローマークは、表裏で互い違いに模様が表れているところがこれまでのものとは違っている。その理由は、フローフロント（流動先端）が首振りをしながら流動していることによると発表されている。場合によっては、この首振りが収縮時に表面側に収縮したり、裏面側に収縮したりということと連動して、醜いシボむらとなったりすることもある。

樹脂温度や射出速度が変わると、フローマークの発生開始時点が変化することも知られているが、成形条件だけでは対策は困難な厄介な問題である。**材料自体の流動性の改良が必要**なことも知られているが、事前にCAE予測できるほどまでには至っていないのが現状で、金型が出来上がって最初のトライで認識されることが多い。量産開始までに、樹脂の再開発をする時間的な余裕がないことで悩まされる問題である。

ただ、せん断速度を小さくするとフローマークの開始点が遅くなるという報告例もある。これを利用して、**なるべく樹脂温度を高くして、射出速度をゆっくりとする**ことで、フローマークの見え方を改善できる場合もある。可能性がある、という意味だが、樹脂温度は、通常の成形領域温度より結構高くしなければならず、物性劣化問題とのバランス問題となることもある。また、射出速度を相当遅くするので、流動中の樹脂温度が低下してくることで生じる別の成形問題も発生する。別の成形問題とは、流動中の圧力上昇による型締め力不足やバリ、流動中の樹脂温度低下によるショートショット、ウエルドラインなどである。そのため、非常に成形条件範囲の狭いところを慎重に探っていくこととなる。

第9章
銀条・黒条

銀条は、一般的にシルバー（シルバーストリーク、Silver Streakの略）と呼ばれているもので、銀色の筋である。水蒸気やガス、空気などの気体が溶融樹脂中に混入して発生する。これらの気体が混入すると、**図9.1**のように、流動する樹脂の流れの中から噴水流れによって外周表面に出てくる。そのときに泡状のものが伸ばされて、成形品の表面上に傷のような銀色の筋状跡となる。これが銀条である。

流動樹脂に含まれている気泡の様子を**図9.2**に示す。ここで、噴水流の見方を説明すると、**図9.3**左図に示すように、視点を固定すると当然流動は前方に進行する。このとき、流れは内部から表面に向かって噴水流れをする。これがファウンテンフローである。このとき、視点を流れの先端とともに動かして見ると、流動は表面に達した後は金型に固定されるので、右図のように、後方に下がっていく（視点が前方に動いているため）。

黒条は、この気体が急激に断熱状態で圧縮されて、燃えて生じるもので、黒い筋となる。**図9.4**には、焼ける前の銀条と、焼けた黒条が同時に見える。黒条の根本原因も銀条と同様である。この気体の発生原因を知ることから対策が始まる。この原因には大きく5つの要因があり、この章で解説する。

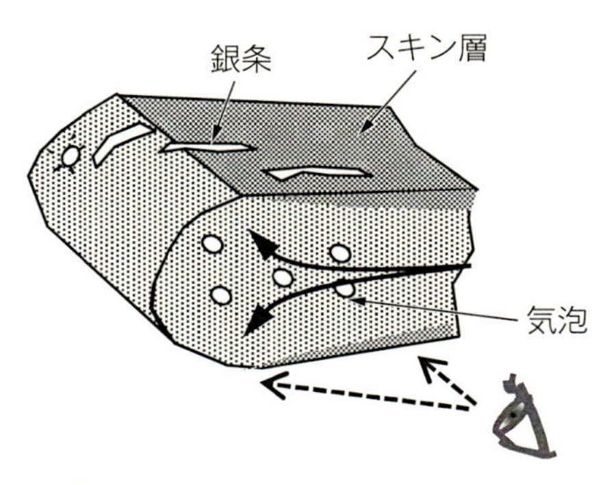

Point!!
流動中の溶融樹脂に含まれた気泡が、フローフロントで破裂して銀条となる様子を示す（→は噴水流の様子を示す）。

図9.1　銀条のでき方

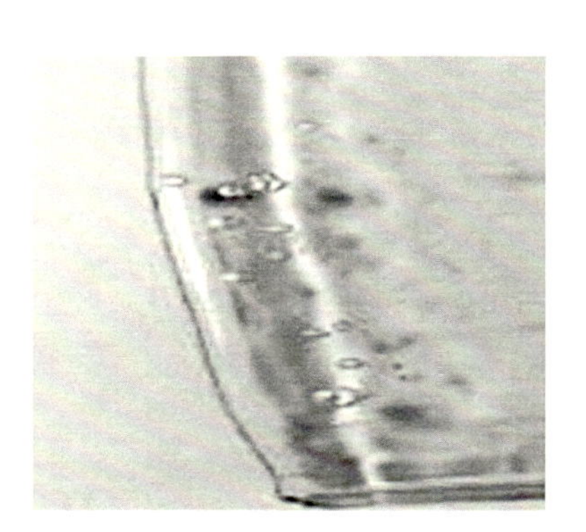

Point!!
気泡が樹脂に含まれている様子。

図9.2　銀条の実際

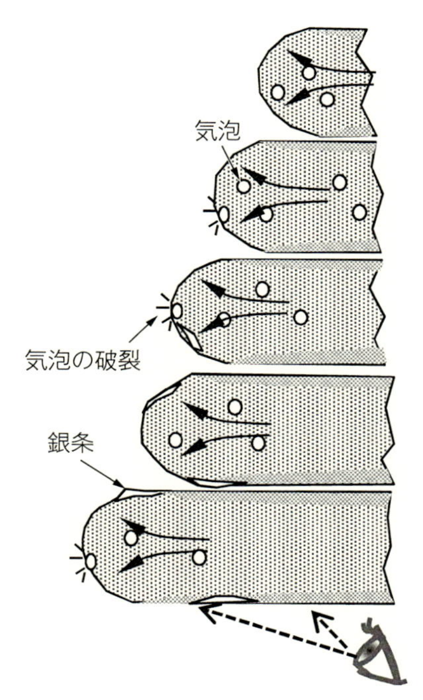

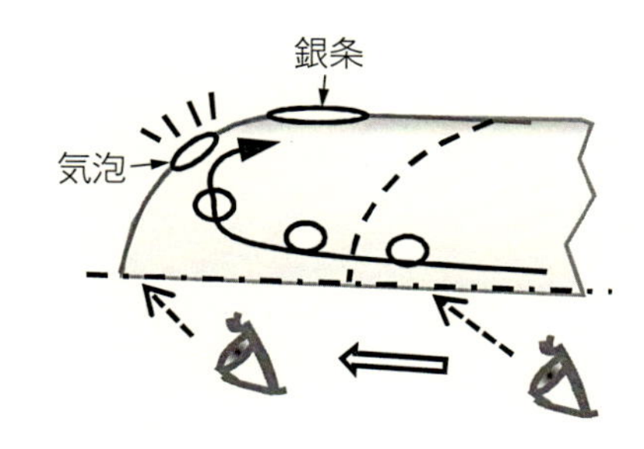

Point!!
視点を固定して見るか、流動先端とともに動かしながら見るかによって、流動の→が異なる。
視点を動かして見ると、気泡が流動先端で破裂して後方に動く。

図 9.3　ファウンテンフローと銀条

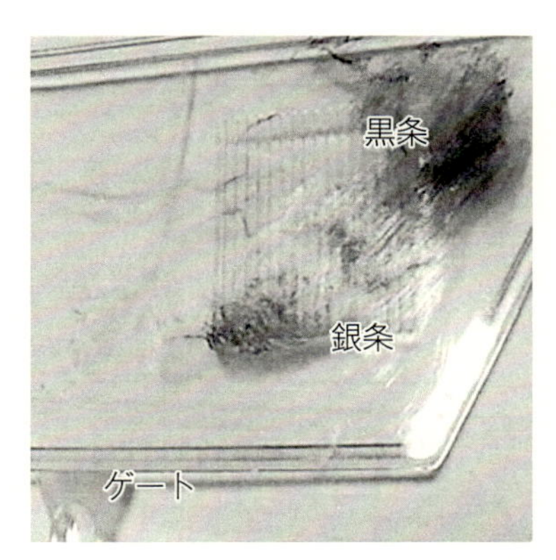

Point!!
銀条の原因の気体が断熱圧縮による高温発火で燃えた結果、黒条となっている。

図 9.4　銀条と黒条

9.1　乾燥の必要な樹脂の乾燥不足による水蒸気

図9.5は、乾燥不足と、乾燥を十分に行ったPMMAのパージ後の様子を示す。乾燥不足の泡は、材料中の水分が材料溶融時に水蒸気となって発泡したものである。これに関しては、材料には、それぞれ必要な乾燥温度と乾燥時間が決まっているので、**十分な予備乾燥を行う**。射出成形の基本部分ではあるが、乾燥機自体の故障で、予備乾燥が十分にできていないことに気が付かないこともある。予備乾燥が問題なく行われているか否かを現場に質問するだけでなく、ホッパーに実際に投入されている樹脂温度とその場合の正常なホッパー温度の状態などは手で触ってわかるようにしておきたい。温度計で測定しても構わないが、現場ではすぐ傍に温度計がないことも多々あるので、それが来るのを待つ時間さえむだ時間となるからだ。この程度は火傷などをするほどの温度でなければ、身体で覚えておくとよい。場合によっては、温度だけでなく、予備乾燥時間の問題もあるかもしれない。**予備乾燥機の処理能力と生産能力のバランスも再チェック**しておく。

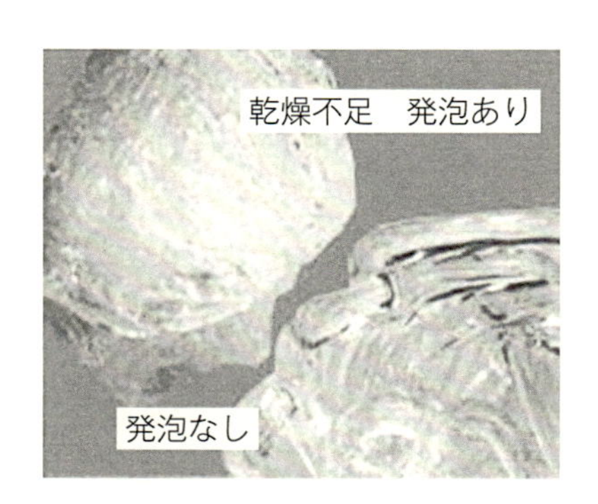

Point!!

予備乾燥が不十分な場合、水蒸気で発泡し、これが銀条となる。

図9.5　乾燥不足で発泡したPMMA

9.2 滞留加熱による樹脂分解

通常、樹脂には適正な成形温度がある。低すぎると溶融不足となり、高すぎると分解が始まり熱劣化していく。特にPOMやPVCなどは、成形温度幅が狭く、温度が高くなったり、滞留時間が長くなったりすると、シリンダ内部で分解し始める。これが気体となって銀条の原因となることがある。特に高い温度と滞留時間の積が大きくなると分解しやすい。

これら**分解しやすい材料については、温度と成形サイクルに注意**すべきである。**可塑化時のスクリュー回転数が速いと、スクリュー内でのせん断発熱が大きくなり部分的に発熱することがあるので、ゆっくり回転**させるなど留意する。

9.3 金型が空気を巻き込む場合

溶融樹脂の流動時に、ボスなどの部分で空気を閉じ込めてしまうと、この空気が逃げきれずにショートショットになることを説明した。しかし、一度閉じ込められた空気が、**図9.6**のように、ボスから押し出されると、これが原因となって銀条を発生させることがある。この場合は、材料が原因ではなく、ボスなどから出た空気が原因なので、銀条はほぼ同じ場所に発生する。

ボスが原因であるかどうかを確認するには、成形品のボス部を切り取り、一時的に金型に埋め込むことによって、ボス部をなくしたトライで、銀条が消えるかどうか試す。もし、切り取ったボスを入れると銀条が発生しないなら、このボス部が原因であることがわかる。**肉厚差のある成形品や、多点バルブゲートの金型では、射出速度やバルブゲートタイミングの変更によって、ボス部への溶融樹脂の流動方向を変える**ことを試してみる。ボス部での流動パターンが変えられない場合、**ボス部分での射出速度を遅くすることが効果的なこと**もある。しかし、通常はガス抜きを設けないとガスが逃げないことの方が多い。金型設計時から注意しておくべきところである。

製品形状的に段差がある場合の流動については、ショートショットやウエルドラインのところでも説明したが、角部に空気が残りやすい。そのとき、

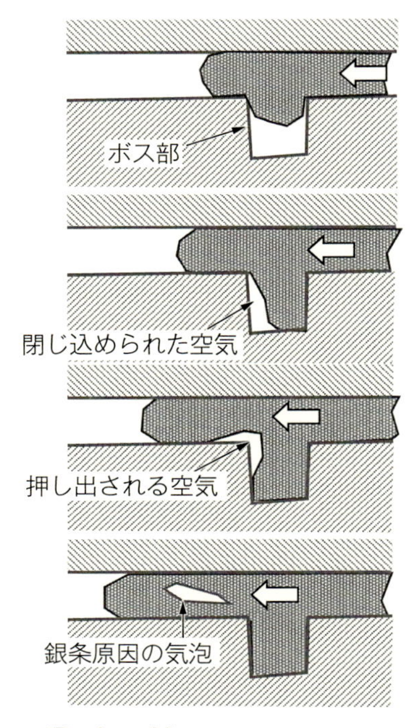

図 9.6　ボス部の空気による銀条

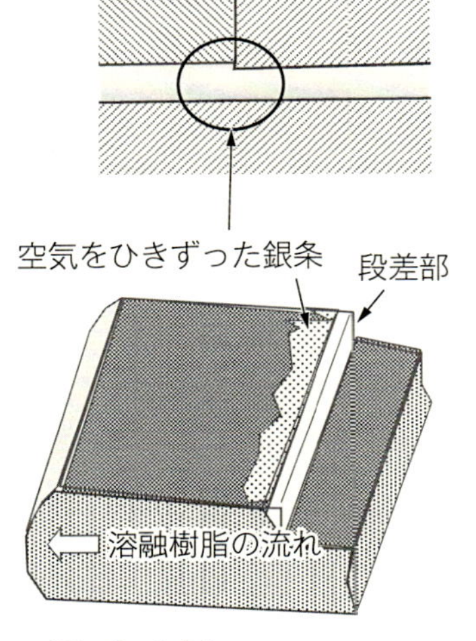

図 9.7　段差部空気による銀条

図 9.7 のように、この角部の空気が引きずられて、表面に銀条を作ることがある。成形途上で一度ショートショットになることが原因なので、この対策も、ショートショットやウエルドライン対策と同様、**この角部での射出速度を遅くする**ことである。

ただ、スライドコアなど金型が分離されてわずか 0.1 mm 程度の段差がある場合にでも、このような銀条を発生することさえある。この段差は流動方向に空隙ができるような段差である。対策としては、**この段差合わせ面を一体として段差のないように磨き直すか、あるいは、段差公差内で、逆段差に**

調整し直すことだ。段差部を一体とした磨き加工を行う場合、事前の金型設計にも留意が必要である。

9.4 サックバックによる空気吸い込み

コールドランナーで、オープンノズルの場合、型開きして固定側からスプルーが離れると、先端が解放されるので樹脂が漏れてくる。鼻たれと呼ばれる現象である。これは、次の成形ショットには不具合を起こすので、その前にノズル先端を減圧することで、樹脂漏れを防ごうとする動作がサックバックである。

しかし、このときサックバック量が多かったりすると、そのときの減圧で、ノズル先端から空気を巻き込んだり、シリンダ内部の溶融樹脂中の気泡の核が膨らんで大きくなり、次のショットに銀条を発生することがある。サックバック量を少なくすればいいのだが、少なくしすぎると鼻たれが直らず、銀条か鼻たれか、という微妙な駆け引きバランスが問題となる。

ここで、スクリュー回転完了後（可塑化終了）とサックバック前後のチェックリング部の溶融樹脂圧力状況を詳しく**図 9.8** で考えてみよう。可塑化完了時には、チェックリング前（ホッパー側）の樹脂圧力はまだ高く残っている。この圧力のために、その後もノズル側に樹脂が徐々に流れ込んでいくのでノズル側の圧力も上昇し、鼻たれの原因となるのだ。そこで、サックバック動作によって、スクリューを後退して圧力を下げようとするが、チェックリング前後の圧力差が大きくなるだけで樹脂流れ込みは続くことになる。

この対策例を**図 9.9** に示す。**可塑化完了時のチェックリング前の圧力をなるべく低くして圧力差を小さくする**こと、および、**サックバックするタイミングをなるべく遅らせて型開き直前近くにゆっくり行う**ことである。具体的には、**可塑化完了前のスクリュー回転数と背圧を下げること、サックバック遅延時間を使い、サックバック速度は遅くすること**、になる。サックバックによる銀条現象は、成形品のどこに現れるかを説明したものが**図 9.10** である。これは、あとで述べる射出速度と成形品表面状態との関係とは異なるので注意すること。

スクリュー回転中

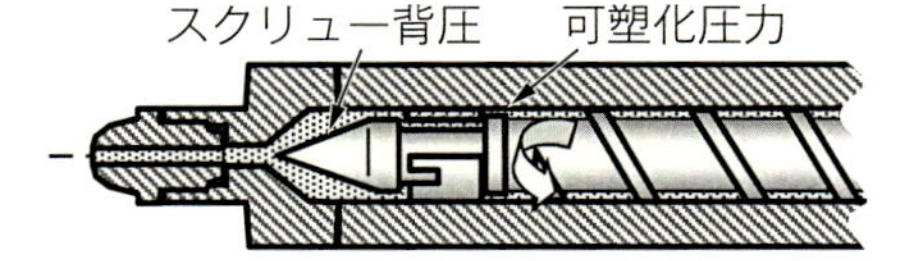

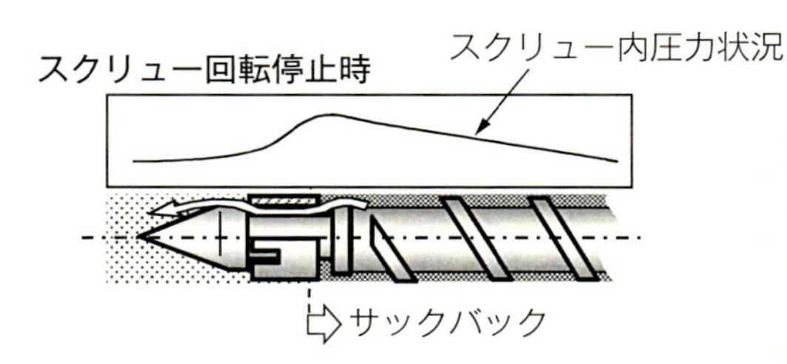

サックバック終了後

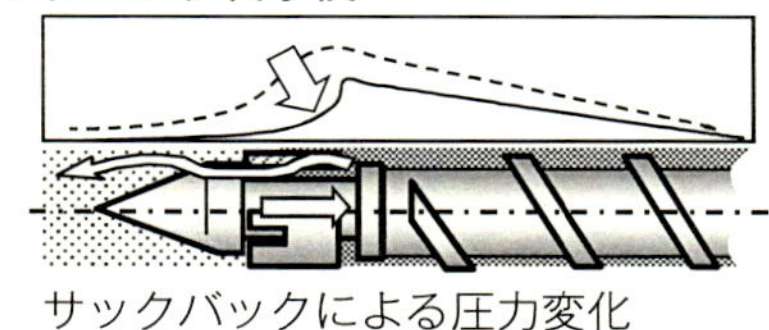

Point!!
サックバックは、強制的にスクリューを後退させることで、ノズル先端からの樹脂漏れ対策として圧力を下げる。このとき、減圧により樹脂中に気泡が発生して、次ショット銀条の原因となる。

図 9.8 サックバックによる銀条

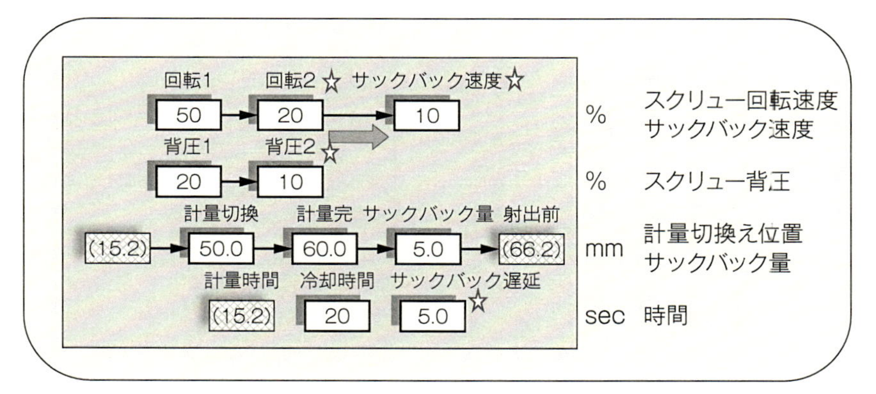

Point!!
計量後の圧力を下げるため、スクリュー回転と背圧は完了前に下げる。サックバックタイミングは遅く、サックバック速度はゆっくり、ストロークも少なめに調整する（☆印部）。

図 9.9 サックバック設定例

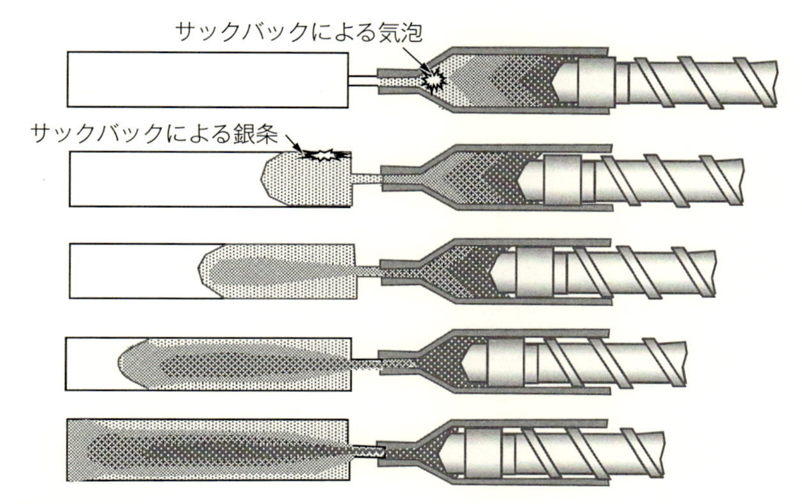

Point!!

シリンダー内部の模様の異なる部分の溶融樹脂が金型に流れ込むときのイメージを示す。噴水流になるので、内部に入り込んで湧き出すような分布となる。サックバックで吸い込まれた気泡は、ゲート付近に現れることが多い。

図 9.10　サックバックによる銀条発生場所（イメージ）

ちょっと解説

可塑化完了後、スクリューをわずかに逆回転することで、スクリュー側の圧力を下げる考え方が古くからあるが、油圧式では逆回転は技術的に難しい課題であった。また、逆回転はスクリューヘッド部のねじが緩む方向のため、トルク管理の問題もある。電動機ではこれを可能としているものがある。

特に結晶性樹脂の場合、ノズルを金型に接触したままのノズルタッチ成形をしていると、ノズル先端が金型に温度を奪われ、溶融樹脂が固化する問題がある。この場合、可塑化終了後にノズルが後退すると、ノズルからの鼻たれとなり、先ほどのサックバック量を増やして銀条発生問題となる。ノズル先端部の温度を調整する案は、「第 12 章 糸引き」で説明する。

9.5 成形機のスクリューが巻き込んだ気体

機械の射出容量に対して成形品が大き過ぎる場合や、スクリューと材料との相性がよくない場合、再生材の使用が多い場合などにも銀条は発生しやすい。

通常は、成形業の関係者は成形機のスクリューのことをあまり知っているわけではなく、成形不良で可塑化が問題になったときに少し考える程度であろうと思う。他の機械では問題ないが、ある機械だと可塑化が不安定で銀条などの成形不良が発生するので機械メーカを呼んで対策を求めるなどの事態となったとき、やっとスクリューの複雑さを知ることになる。

このようなことが起きるのは、機械メーカによってスクリュー設計が異なっていることや、機種によってもその設計が違うことが原因の1つである。実際、スクリュー部分は押出成形でも、それだけで専門の知識が必要なほど非常に複雑なものなのだ。射出機械メーカの中でも、この分野の専門家がいるかいないかというほどの問題なので、普通のサービスマンや機械設計者に質問しても答えられないことも多い。

詳しい説明はここでは紙面もないので、**図9.11**で簡単に説明しよう。ホッパーから入ったペレットは、スクリューでノズル方向に送られる。その過程で、高い温度のシリンダで溶かされながら、徐々に溶融が進行していく過程を図の下方に示している。この溶けていく過程は、**図9.12**の、熱した鉄板の上のバターをへらで押していく様子をイメージするとわかりやすいであろう。このとき、ペレット間の空気やガスなどは、ノズル方向に進む間に圧縮されて、ペレット間からホッパー側に抜けていく。しかし、溶けている部分とペレットが混合してしまうと空気やガスも溶融樹脂中に巻き込んでしまうことが理解されるであろう。スクリュー回転数が速いとかき混ぜてしまうことになるので、**なるべくゆっくりと回転させる**ことが望ましい。

このとき、計量が進み、有効スクリュー長が短くなると、樹脂を圧縮する能力が弱くなることも想像できるであろう。圧縮する能力が弱まると、空気、ガスを押し出す力も弱くなるので、**長い計量ストロークは望ましくない**。

ここで、**図9.13**のように、ペレットの固体輸送の部分の送り能力が、スクリュー先端の溶融樹脂の送り能力よりも小さくなってしまうと、中間に樹

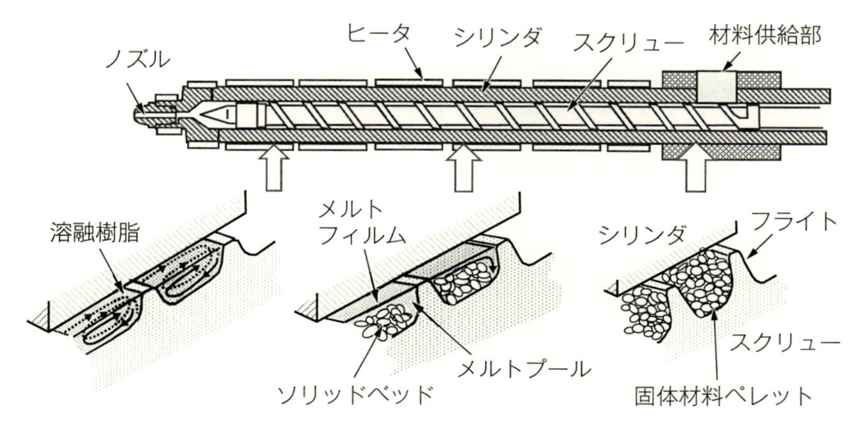

Point!!

スクリューが材料を溶かして前方に送るイメージである。中間の溶けた部分（メルトプール）とペレットの部分（ソリッドベッド）部では、ペレットの隙間を通って空気やガスが抜ける。これが早い段階で混じってしまうと、空気やガスを一緒に巻き込みやすい。

図 9.11　スクリューでの材料可塑化のイメージ（一例）

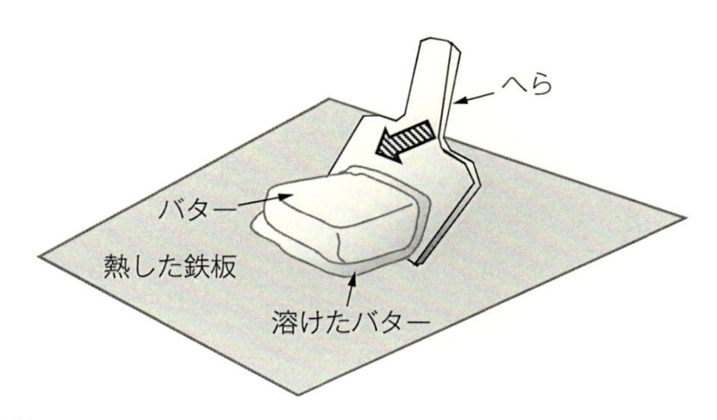

Point!!

ソリッドベッドをバターとすると、へらはスクリューフライト（ねじ山）、熱した鉄板はシリンダである。鉄板で溶かされたバターは、へらが前方に進むと、へらでかき集められていく。

図 9.12　溶融途中のイメージ

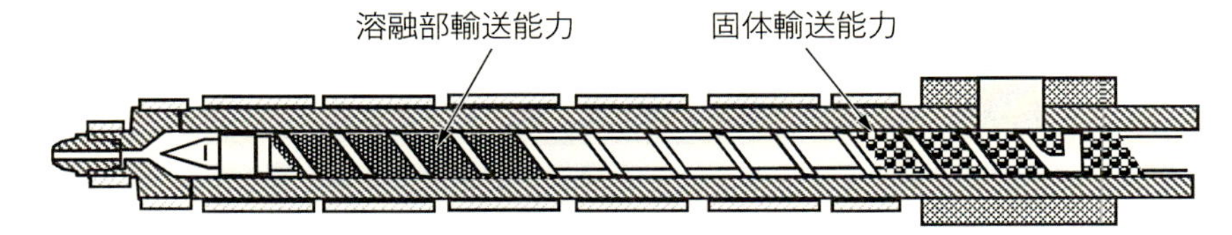

Point!!

固体輸送部は摩擦によって輸送能力が影響を受け、溶融部では粘着によって引きずられて送られる。固体輸送部の送り能力が低下すると、スクリューの中間部に空洞が生じて、一時的にスクリュー後退も停止し、可塑化が不安定となり空気が混入することがある。固体輸送部の摩擦は、温度や表面粗さ、ペレット形状、添加剤などによっても変化する。

図 9.13　スクリューの場所別輸送能力

脂がなくなってしまう。すなわち、空気が中間に入り込み、スクリューは回転しているが、途中でスクリューの後退が一時的に停止することがある。ペレットがシリンダでスリップすると、ペレットの送り能力が減ることもイメージできると思う。

固体輸送能力が減少しているので、スクリュー背圧を高くして、溶融部の輸送能力を下げる方法も考えられるが効果は少ないことが多い。また材料に粉砕材を使っている場合、粉成分が多いと送り能力が減少して、このようなことが起きることも多々ある。**再生材を使用する場合には、少なくとも、篩で粉状成分は取り除くべきである。**

材料とスクリュー形状の相性や、材料の添加剤、シリンダ内壁の粗さ程度などによっても、固体輸送部能力が影響を受ける。固体輸送に問題がある場合、1つ試してみたいことは、**ホッパー側のシリンダ温度設定を高くする**ことだ。この理由は、シリンダとペレット間の摩擦係数が、温度によって変わることに期待するのである。また、通常、**乾燥の必要のない材料でも予備乾燥する**ことが効果あることもある。PP や PS は通常、予備乾燥を必要としないが、銀条が発生したので予備乾燥すると銀条が出なくなった……なども この例である。これは予備乾燥というよりも、ペレット温度を高くしたことで、シリンダとの摩擦係数が変わったことにより、固体輸送能力が上がった効果と考えられる。

図 9.14 は、ABS 成形の例であるが、使用した機械との相性が悪く、予備乾燥条件などを揃えても、以前使用していた機械の設定条件だと銀条が発生していた。そこで、**シリンダのホッパー側温度設定を高めにすると解消できた例**である。スクリュー設計にも関係するので、全ての不具合問題に対応できる方法とは限らないが、効果を発揮することが多い。"効果あることもある"とか、"効果を発揮することも多い"など、曖昧な言い方ではあるが、シリンダの内壁が荒れただけでも固体輸送状況は変わってくるし、材料の形状(ペレタイズ)や滑剤添加にも影響される。このような状況は、いろいろな条件が重なって発生するのでやってみなければわからないことがある。そのため、微妙な条件変更によって変化が起きることの技術的背景があることを知っているか知らないかで現場対応力に大きな違いが出てくる。

スクリューが可塑化時に気泡を巻き込んで発生する銀条は、成形品の発生場所を選ばないようにも思われるかもしれないが、そうとは限らない。ランダムな発生をすることもあれば、いつも同じ場所に発生することもある。このことを考えるヒントとして、化学発泡剤を混入した発泡成形での銀条を考えるとわかりやすいと思う。化学発泡剤で発泡した溶融樹脂中の気泡も、圧縮されていると潰されている。気泡が成形品表面に出ると銀条となるので、事前にわざわざキャビティ内の空気を圧縮して発泡を抑える成形方法(カウンタープレシャー方式と呼ばれる)もあるほどだ。これを考えると、圧縮さ

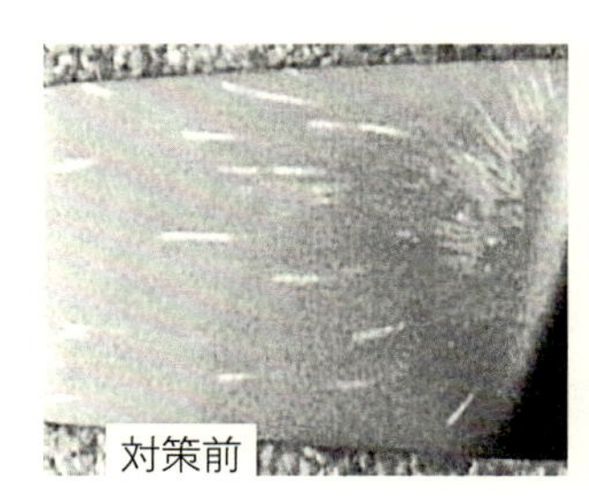

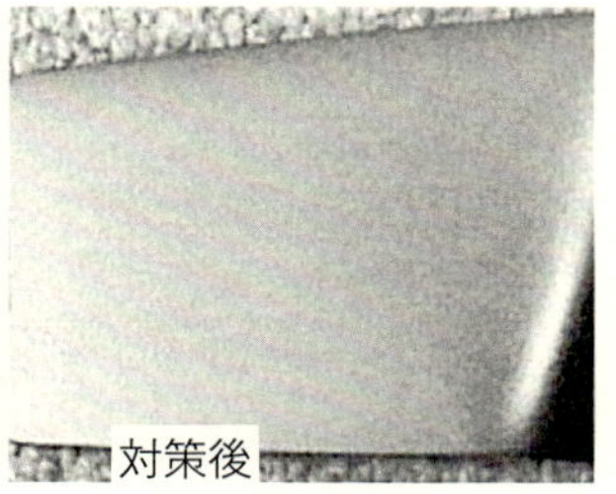

Point!!

通常条件では、可塑化が安定せず銀条が発生(左図)。
ホッパー側温度を高めに設定することで、可塑化が安定して銀条も対策できた例(右図)。

図 9.14 ホッパー側温度変更による銀条対策

れて潰れている気泡が、減圧された場所にくると、そこで急に発泡して銀条となることもわかりやすい。そこまでに至る流動部分の内側でも発泡するが、表面スキン層はすでに固化しているので銀条は生じず、スキン層のまだできていない部分に発生することになる。

内部圧力が低下する条件としては、**図9.15**のように、成形品の形状が流動方向で急拡大する箇所であり、もうひとつは、射出速度が遅くなることで圧力が低下する場所である。**図9.16**には、射出速度を多段に変えた場合の、スクリューの速度変化の位置と成形品の表面状態の位置関係を示している。**図9.17**には、途中で射出速度を変更した場合に、成形品の表面状態が急に変わっている様子を示す。ここで、もし速度が遅くなり圧力が低下することで、樹脂中で潰されていた気泡が解放されると、銀条が発生することになる。

このような場合、銀条が発生する箇所は毎ショット同じ場所になるので、可塑化が原因ではないと早とちりして勘違いしないことだ。この対策としては、**圧力低下をさせないように、射出速度を速くするか、あるいは、気泡を巻き込んでいる可塑化自体を見直す**かである。

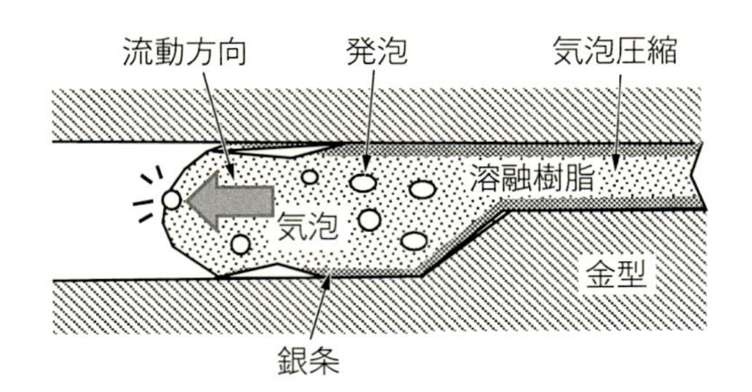

Point!!

溶融樹脂中の気泡も圧縮されると消えているが、流動方向で、肉厚が急増するなど、圧力が解放される部分で再度発生してくる。これが銀条の原因となることもある。

図9.15　圧縮から解放される気泡

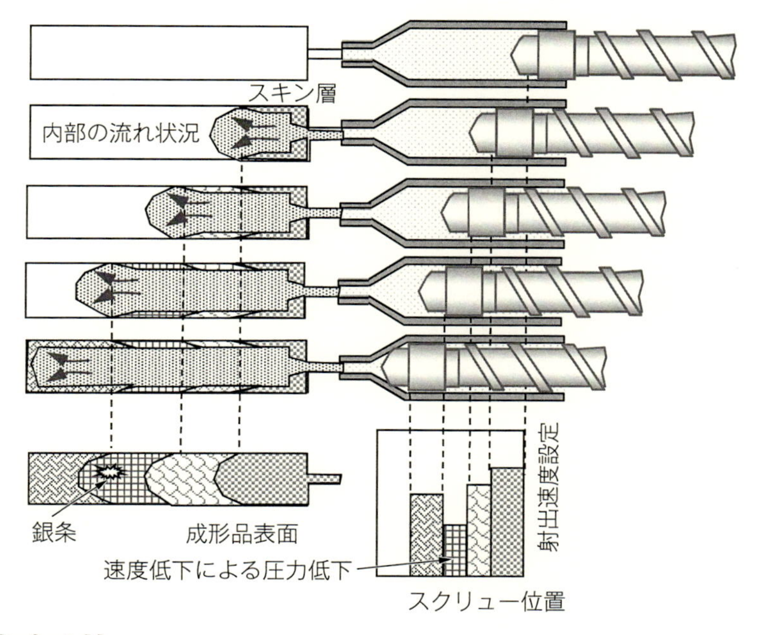

Point!!

射出速度が速い間は溶融樹脂も圧縮されているが、速度が遅くなると圧量低下が起こる。そのような場所でも気泡が膨らんで銀条の原因となることがある。

図 9.16　射出速度変化による圧力低下

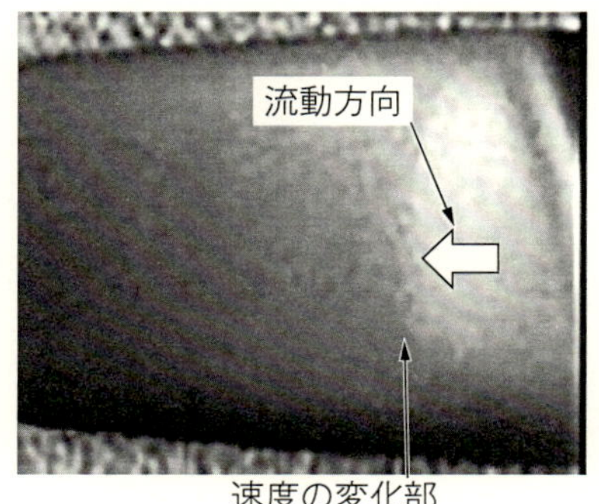

Point!!

射出速度が変化したことで、表面の輝度が変わった位置がはっきりと見える。

図 9.17　射出速度変化部

第10章
多点バルブゲート問題

大物の成形品の場合には、多点のバルブゲートが使われることが多い。バルブゲートを使うと、金型内樹脂圧力を下げることができ、また、その開け閉めのタイミングによって成形条件の幅が非常に広くなるからである。しかしバルブゲートをシーケンシャルに開閉して最適条件を出すことは容易ではない。成形技術者・技能者で、このあたりの理解ができている人は少ないようである。勘と経験で調整していると、機械が変わるごとに再調整に多くの時間を浪費することになる。その理由は順次説明していく。

シーケンシャルとは、順次というようなイメージであり、バルブゲートを成形条件によって順次開閉するやり方をシーケンシャル・バルブゲート方式と言われる。バルブゲートを開閉するタイミングは、機械制御と同様、射出工程ではスクリュー位置、保圧工程ではタイマーとする。バルブゲートのタイミングを機械とは別の独立した制御装置にて、射出工程もタイマー制御とするケースもあるが、速度や圧力が変わると条件がガラリと変化するので非常に扱い難い。

10.1　バルブゲートの利点

図 10.1 には、簡単な形状の３点のバルブゲートの例を示す。これらのゲートを同時に開くと、ウエルドラインが発生する。そこで、**図 10.2** のように、バルブゲートを順次開いていくと、溶融樹脂同士がぶつかることがないので、ウエルドラインはできない。これがバルブゲートの１つの利点である。

他の利点としては、バルブゲートを使ってある部分だけ個別の保圧調整ができることである。ゲートから遠く離れた場所では、流動長が長くなり圧力が十分に届かないため末端の寸法が小さくなってしまいがちである。その場合、図 10.2 のゲート４のような流動末端部にバルブゲートをつけ、保圧時に開くことでゲート４部の圧力を確保して寸法を調整する機能である。

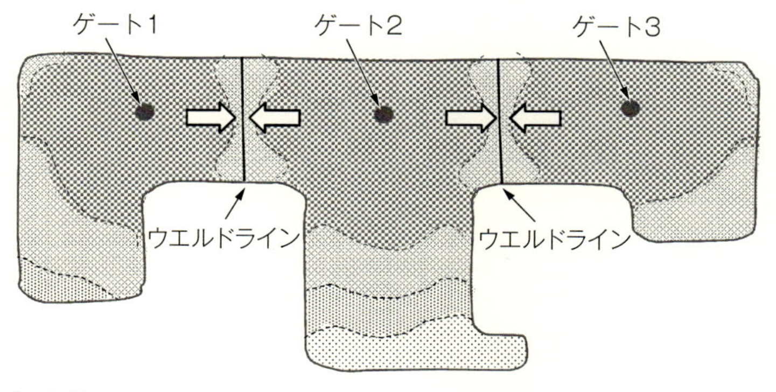

Point!!

3つのゲートを同時に開くと、ゲート1と2、ゲート2と3との間で溶融樹脂が正面からぶつかるので、はっきりとしたウエルドラインが発生する。

図 10.1　ゲート同時 Open

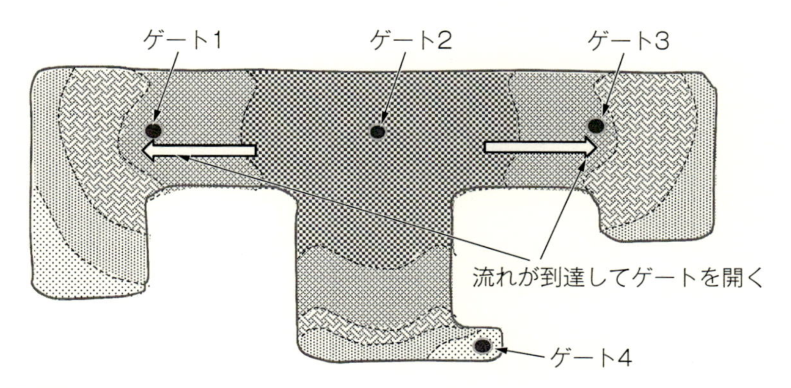

Point!!

この場合、1つのゲートから出た溶融樹脂が、次のゲートに到達してからそのゲートを開くと、溶融樹脂がぶつからずウエルドラインは発生しない。
バルブゲートには、充填が完了した保圧工程で開くことで、そのゲート周囲の寸法を調整する使い方もある。

図 10.2　ウエルドラインを作らない多点ゲート

10.2　バルブゲートでの成形条件の調整

10.2.1　新しいゲートを開いた場合の圧力状況

まずは、サブランナーのないバルブゲートが成形品に直結されている場合から考えよう。保圧工程で使う場合には、充填完了した後に、その位置のバルブを開けばよいので特に大きな問題はない。しかし、ウエルドライン調整などのため、充填完了していない流動の途中で開く場合、圧力と速度の関係はこれまでよりも複雑となる。

図 10.3 は、ゲートを同時に開いた場合の機械側の速度と圧力の様子を示す。射出速度が一定の場合、圧力は徐々に高くなっていく。しかし、バルブゲートを順次開いていく場合には異なった挙動となる。

まず、1つ目のバルブゲートを開いて射出を開始し、樹脂が流動途中で、

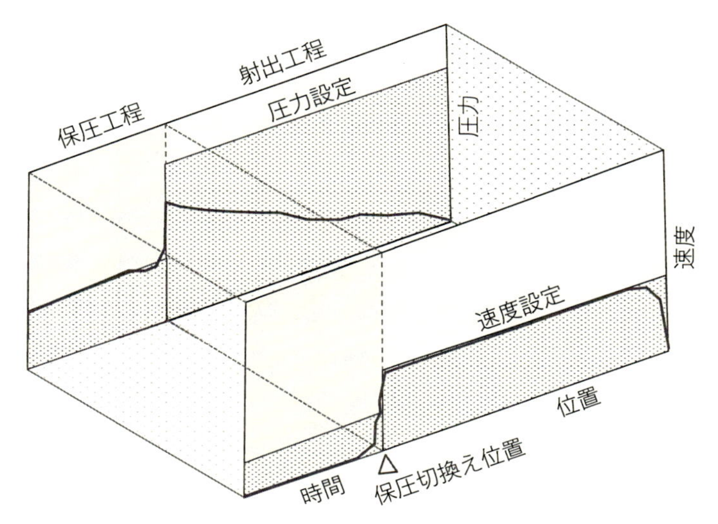

Point!!

ゲートを同時に開く場合は、通常の射出と同様、射出速度が一定の場合、負荷圧力は単調増加する。

図 10.3　ゲート 3 点が同時に開いた場合

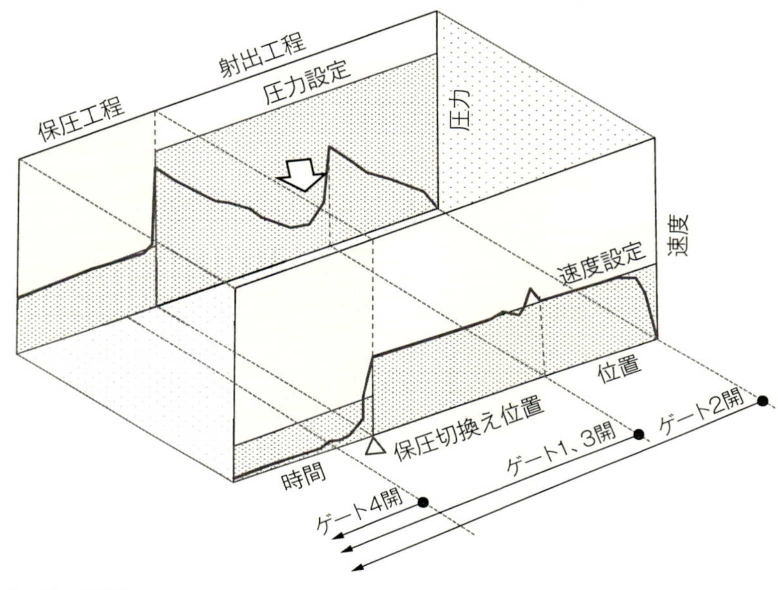

Point!!
バルブゲートを新しく開いた途端に、そのゲートから溶融樹脂が飛び出すので、負荷圧力は急に低下する。この圧力低下が、成形品表面に影響を与える。

図 10.4　バルブゲートを順次に開く場合

次のゲートを開くと機械側の圧力状況はどうなるであろうか。**図 10.4** にそれを示す。最初のゲートから溶融樹脂が流動しているときには、ゲートまでに至る機械側の圧力は負荷に応じて高くなっていく。そこで、新しいバルブゲートを開くと、それまで高くなっていたゲート部での圧力が一挙に開放されるので、そのゲートから溶融樹脂が飛び出すことになる。これは設定によって制御された速度ではなく、そのときのゲート前の負荷圧の大きさによって飛び出す速度が違ってくる。急に飛び出すため、そのゲート近傍の成形品の表面状態が影響を受ける。この間もスクリューは一定速度を保とうとするが、樹脂の飛び出しは圧力解放によって生じている。

また、新しいゲートから樹脂が飛び出す（漏れる）ことで、流動中の負荷が急激に下がることとなり、機械側の圧力も急激に低下する。そうすると、

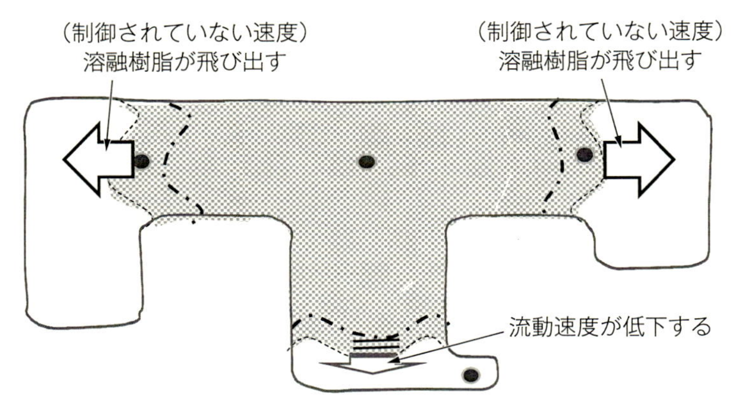

Point!!
新しく開いたバルブゲート部の溶融樹脂の速度は、急に速くなる。しかし、それまでのゲートから流れていた樹脂は逆に急激に遅くなる。また、射出速度の設定によって、実際に金型内で溶融樹脂に影響を与える地点は違ってくる。

図 10.5　新バルブゲートを開いた時点でのフローフロント

それまで流れ出していた最初のゲートからの溶融樹脂の速度は急減速する。その後しばらくして機械側の設定に見合う速度バランスで安定するようになる。**図 10.5** で説明しよう。最初のゲートから流れ出ていった下方方向への流動部分である。機械側のスクリュー速度はほぼ一定であっても、新しいゲートが開いたことで、金型内での 3 つの方向の流動抵抗のバランスが異なってくる。これまでのゲートからのみ流動していた下方への部分は、新しいゲートが開いたことで圧力は低下し、それまでの樹脂速度はもはや維持できず、急速に流動速度が遅くなってしまう。機械側で表示する速度ではなく、実際に金型内で何が起きているかを考える必要がある。流動速度が変化すると、フローマークやシボ、転写違いなどいろいろな問題が発生してくる。

10.2.2　射出速度を速くした場合

次に、先の例で、速度が速くなった箇所には特に異常は発生せず、流動速度が遅くなった箇所にフローマークが発生したとしよう。フローマーク対策として射出速度を速くしてみたらどうなるであろうか。バルブの開きタイミングは変えない場合を考えよう。圧力に余裕がある状態で、射出速度の設定を速くすると、負荷圧力は高くなることはすでに学習したところである。射出速度を速くすると、シリンダ内での負荷圧力が高くなるので、シリンダ内の溶融樹脂の圧縮される度合いも大きくなる。結果として、次の機械側スクリュー位置のバルブ開き点がそれ以前と同じであったとしても、金型内の流動は、バルブ切換え点も早くなってしまうのだ。そのことを図 10.5 中に一点鎖線で記した。

機械側シリンダ内部で圧縮され、金型側に出てくる樹脂量は少なくなるのがその理由だ。場合によっては、溶融樹脂が、次のゲートに到達する前の時点で、バルブゲートを開くとはっきりとしたウエルドラインが発生するようなこともある。ウエルドラインを対策するために設定した切換え位置が、速度設定を変えると機能しなくなるばかりか、フローマークもよくなるかどうかさえわからない。ここで、この関係が理解できていないとその後の成形条件が混乱して頭の整理がつかないまま、試行錯誤を繰り返すことになってしまうのである。この部分は重要なポイントなので時間をかけてじっくりと理解して欲しいところである。

通常の成形機の条件調整でも、圧力と速度、切換え位置と切換え時間（タイマー）の関係は結構複雑で、これが理解できている人自体も少ないが、これにバルブ開閉タイミングが加わるので、より一層複雑になる。

バルブタイミングの調整を行う前は、圧力、速度をまず一定にして、バルブタイミングごとのショートショットを確保しておくことが非常に重要である。そして、条件変更したときに、自分の想定した状況と異なる結果となった場合には、再度、ショートショットを採取して違いの原因を比較検討することが大切である。

10.2.3 バルブゲートを開くタイミング

通常は、溶融樹脂が新しいゲートに到達してすぐに次のゲートを開くと、説明してきたような問題が発生する。そのため、バルブゲートを開くタイミングについての配慮を説明しよう。バルブゲートを開くタイミングをゲート

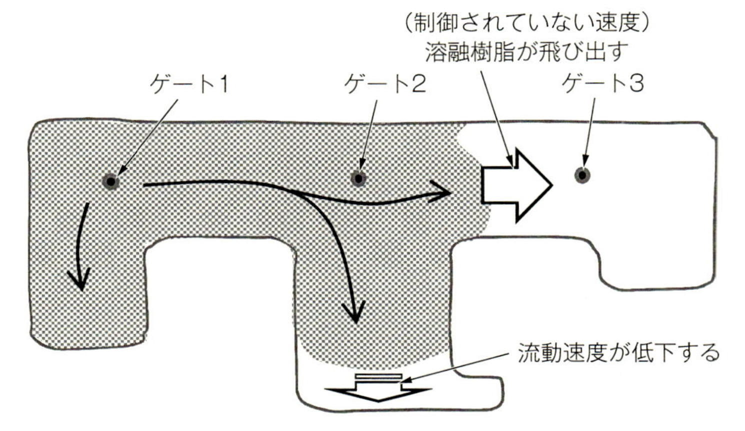

Point!!

ゲート１から流した樹脂が、ゲート２を通過、下方方向を充填途中の状態で、ゲート２を開くと、ゲート３の方向へ溶融樹脂が飛び出し、下方部の流動速度は急に遅くなる。

図 10.6　バルブゲート使用例 1

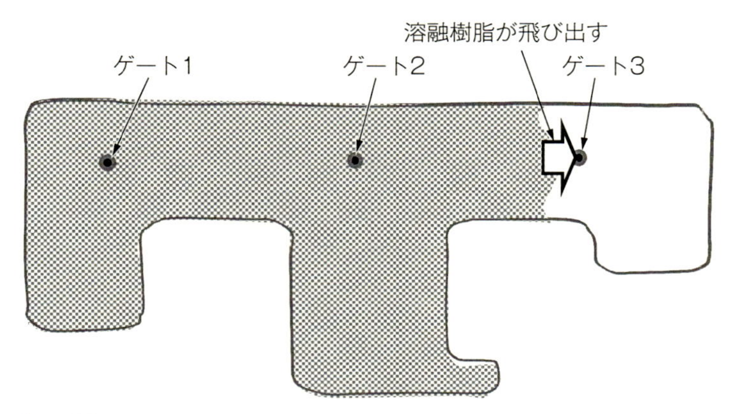

Point!!

溶融樹脂がゲート２を通過後、下方方向を充填した状態でゲート２を開くと、下方部の問題は解決する。また、ゲート２を開く時点では、流動先端はゲート２から離れているので、飛び出す樹脂速度も抑えられる。

図 10.7　バルブゲート使用例 2

1から順次、ゲート2、ゲート3と開く場合を考える。

図 10.6 では、ゲート1から流れた溶融樹脂がゲート2を超えた段階では、下方へはまだショートショット状態である。この状態でゲート2を開くと、ゲート2の部分の樹脂抵抗は少ないので、樹脂が特にゲート3の方向に飛び出すことになり、かつ飛び出したあと、圧力が低下するため、それまでの他の下方方向への樹脂の流動速度は急に遅くなる。文章で説明すると面倒だが、まず、この状況を概念的に理解してもらいたい。概念的に理解できると以降もわかりやすくなる。

この場合の対策としては、**図 10.7** のように、**下方部をまず充填するまで待って、ゲート2を開けば、下方部問題は片付く**。

次に、ゲート2から飛び出す樹脂に関しては、**図 10.8** のように、ゲート

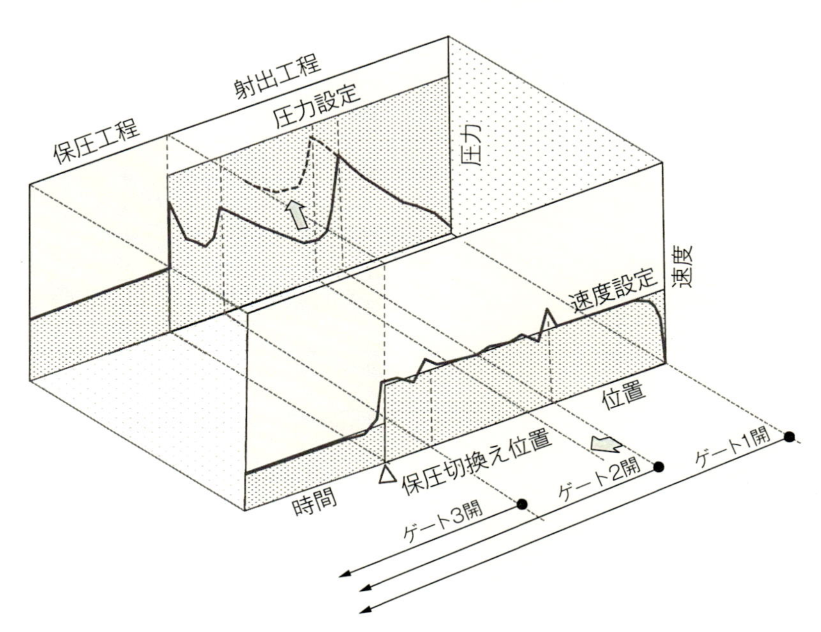

Point!!

ゲート2を早く開くと、溶融樹脂が飛び出し圧力は急低下する。ゲート2を開くタイミングを遅くすると、負荷圧力は高くなり、急低下する圧力量も減り、飛び出す樹脂速度も抑えられる。

図 10.8　圧力波形

2を**通過する樹脂をある程度流すことで、流動抵抗を作れば、ゲート2を開いても飛び出し速度を少し下げることが可能**だ。

ここで、もうひとつ、考えられることは**ゲート2に固定絞りを入れて、この部分の流動抵抗を強制的に大きくすること**である。高価にはなるが、絞りが可変調整できるバルブゲートもある。ただ、通常の成形にバルブゲートが追加されるだけでも成形条件調整ポイントが増え難しくなるが、それに可変絞りが加わると、やり方を整理しておかなければ使いこなすことはできなくなる。特に溶融樹脂は非ニュートン流体でせん断速度が大きくなる（絞るとせん断速度は大きくなる）と粘度は下がるので、通常の水のようなニュートン流体の感覚で絞りを使うと「思うように効かない」と感じて困惑することになる。

他の問題としては、バルブゲートはダイレクトに成形品表面部に付けられるとは限らないことだ。これについて次に説明しよう。

10.2.4　サイドゲートを使ったバルブゲート

ゲートは直接成形品の表面あるいは裏面に付けられるとは限らない。ゲート跡が表面に残ることが許されない成形品では、成形品表面にゲートを付けることはできないし、また、裏面に付けることが可能だとしても、噴水流で成形品表面にマークが発生する問題もあるので、サイドゲートが使われることが多い。しかしバルブゲートでサイドゲートとなると、**図10.9**のように、バルブゲートの先に、コールドサブランナーを設けることになる。サイドゲートをシーケンシャルに使う場合もゲートを開くと樹脂が飛び出すことは同じである。

そこで、少し流動抵抗が増す段階までゲートを開くタイミングを待つとどうなるであろうか。通常は、サイドゲート部の樹脂圧力が徐々に高くなってくるので、溶融樹脂がサイドゲートから逆流して入り込んでくることになる。その後バルブゲートが開かれると、その逆流樹脂がコールドスラグとなることもあり、またバルブゲートの間の空気が一緒に押し出されるので銀条の不良となることが多い。**サイドゲートからバルブゲート側に侵入する量を極力少なくするには、このサイドゲート自体を絞ることになる。また、サブランナー周囲に樹脂だまりを作ってガス抜きができるようにする。**

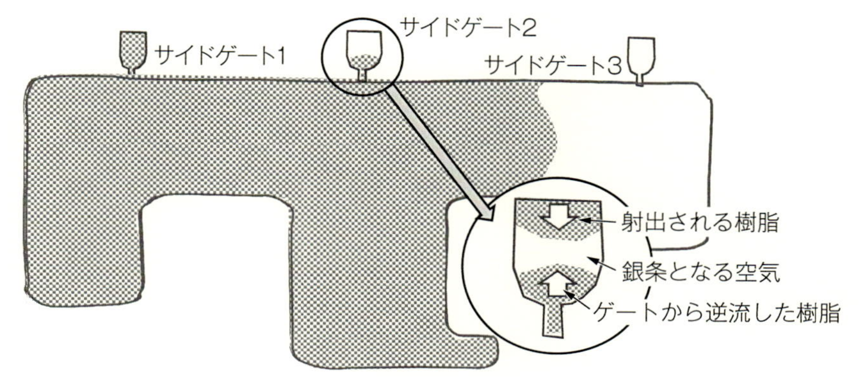

Point!!
溶融樹脂がゲート２を通過するとき、サイドゲートから溶融樹脂が逆流してくる。新しく射出される溶融樹脂とのあいだに空気があると、銀条が発生したり、コールドスラグが混入することがある。

図 10.9　バルブゲートとサイドゲート

このサイドゲートの絞り具合（寸法）の事前の設計も必要だが、くどいようだが溶融樹脂は非ニュートン流体なので、思い込んでいるよりも結構絞っても負荷抵抗は少ない。サブランナーのゲート径の計算は、特に流動解析を使うまでもない。今では、溶融樹脂の粘度データは容易に入手できるので、パソコンで簡易計算することである程度の目途を立てることも簡単に可能である。難しい計算ではないので是非とも習得してもらいたいものである。

事前のゲート設定は小さくしておいて、実際に成形条件出しを行い様子を見ながら現場で少しずつ大きく調整できるようにしておくとよい。

第11章
シボ問題

加飾の１つとして、成形品の表面にシボが付けられることも多い。シボには、皮シボや梨地、幾何学的模様などいろいろなものがあるが、加飾目的と同時に、光沢を落としたり、ウエルドラインやヒケなどを見えにくくしたりという効果がある。

このシボに関する問題としては、シボ面の「ムラ」や「てかり」、「曇り」、「カジリ」などがある。これらは、シボを付ける前には特に問題なかったものが、シボを付けると出てくることが多く、量産開始直前に発生する問題として厄介である。

11.1　シボの「てかり」と「曇り」

リブやボスのところでも説明したように、これらに溶融樹脂が流れるときの樹脂速度が速いと、ボスやリブを跳び越して流れるようになる。シボ面でも同じように、射出速度が速い場合や流動圧が低い場合には、**図 11.1** のように、シボ部を完全充填せずに流れ、シボ部がミクロのショートショットになってしまう。そうすると、**図 11.2** のようにシボの頭が丸くなり、この部分は光の反射が他のシボ面とは異なってくるので「てかり」となる。ただ、ショートショット部よりも正規のシボ部の方が、光の乱反射度合いが大きいと、「てかり」ではなく、反対に「曇り」に見えるであろう。

図 11.3 には、幾何学シボの例で説明している。幾何学シボは、同じ形状

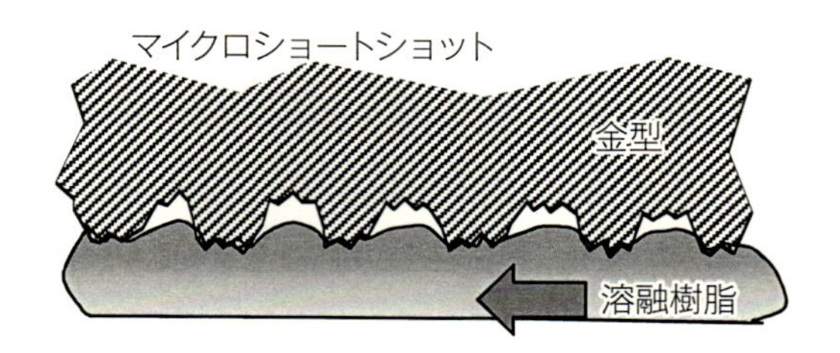

Point!!

流動速度が速い場合、シボ部分に空気を残してショートショットになることがある。

図 11.1　シボ面のマイクロショートショット

Point!!

本来のシボ部はギザギザで低光沢の場合、マイクロショートショット部の頭は丸くなり光の反射度合いが違い高光沢となる。

図 11.2　シボ面の光沢

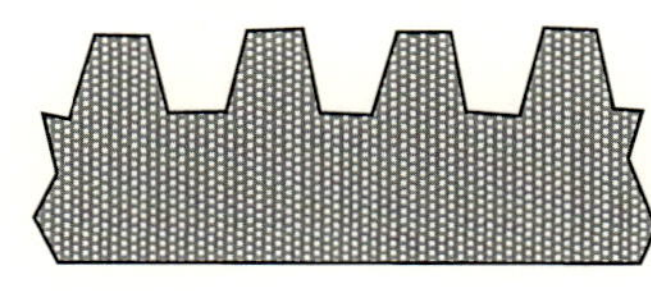

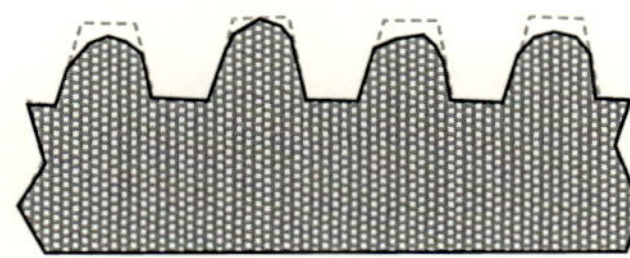

Point!!

特に、幾何学的に繰り返し形状のシボの場合、マイクロショートショット部は不規則なムラの曇りのように見えることがある。

図 11.3　幾何学シボ

の繰り返しであるはずの一部が、マイクロショートショットで不規則表面になるとぼやけたように見える。てかりと曇りの違いは、その部分の光の反射の程度とその周囲との比較で異なってくる。シボ模様が幾何学的にはっきりとした繰り返し形状である場合にも、ショートショットが発生すると、その部分だけミクロに不規則となりシボ斑や曇り模様となって見えることがある。最近のカメラはズーム機能が充実しているので、わざわざ顕微鏡を使わなくてもシボ問題のある部分を拡大して観察するとよくわかる。

このシボ面の空気が一旦閉じ込められ、その後、樹脂流れに引きずられて引っ張り出されると、ミクロの銀条の原因となる。ショートショットのところで説明した現象である。この銀条は、細かく荒れた表面部を作り曇りのように見えるので、銀条とは気づかないことが多い。

いずれにしても、**シボ部のてかりや曇りは、その部分を拡大観察して、シボ部先端がショートショットとなっているような場合は、この部分での射出**

速度を遅くすることである。

11.2　シボのカジリ

11.2.1　再転写カジリ

これも曇ったようなぼやけたように見えるときがあるし、白もやのようにカジリが生じている場合もある。また、もし文字や図柄のような形状の場合には二重にぼやけた文字や図柄のようになっていることもある。一度転写された面が表面側からコア側に離型して、その後再度なんらかの理由で押し付けられたとき、わずかに元の位置よりずれる。その結果、二重の模様となる。本来、成形品が収縮するときには、シボ側が離れてコア側方向に収縮しなければならない。それが一度収縮し始めたあと、再度シボ側に押し付けられている原因として考えられることは2点ある。

(1) 圧力低下後再加圧

1つは、圧力が一度低下して表面が一旦ヒケて金型シボ面から離れた後、再び圧力が上昇することにより、再度押し付けられる**図 11.4** のようなケースである。圧力が一度下がる状況としては、射出の途中で圧力が低下する場合や、保圧時点で圧力が低下する場合がある。

射出の途中で圧力が低下することについては、銀条（P170）やバルブゲー

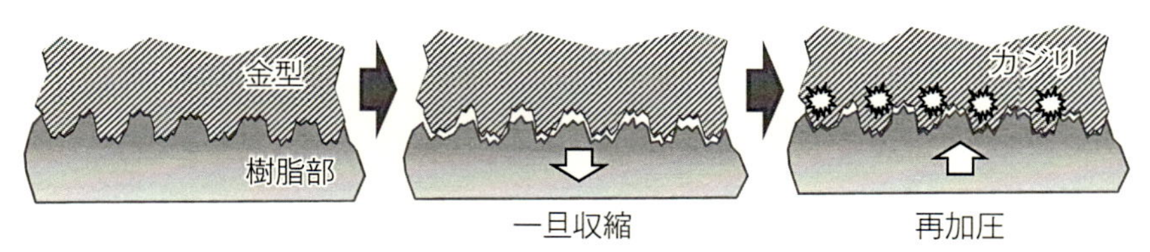

Point!!

一度転写されたシボ面が収縮によって可動側に離れたあと、再度樹脂圧力が高くなり、シボ面に押し付けられるときの微小ずれがカジリとなる。

図 11.4　再加圧によるカジリ

ト（P177）のところでも説明したので思い出して欲しい。射出速度が遅くなったり、新しいバルブゲートが開かれたときなどに圧力が低下するのである。ただし、このシボのカジリについては、樹脂収縮で表面から樹脂が離れるので、ある程度の時間が必要だ。すなわち、**射出工程中に表面側が一旦離れることが原因で生じるシボカジリでは、射出速度を速くする、バルブゲートを開くタイミングを遅らせるなど、この圧力が低下する時間を短くすることである**。

(2) 型内収縮

単なる円盤で何もリブもボスなど拘束するものがない成形品が収縮する状況を考えてみて欲しい。リブやボスなど拘束される場所がないと、成形品は型内でずれながら直径が小さくなる方向に収縮していくはずである。**図11.5**のような横ずれのケースである。

もうひとつは、**図11.6**のような形状的な収縮問題である。曲面形状の成形品で、収縮するとき両側が固定される場合、曲面の収縮は糸を引っ張るような収縮となる。成形品は本来可動側に密着させて残したいところだが、収縮は距離を短くする方向に作用するので、一部は可動側から浮いてしまい、固定側シボ面側に収縮せざるを得なくなってしまう。この状態で金型が開くと、可動側から浮いた部分は固定側と接触してずれが生じることになる。こ

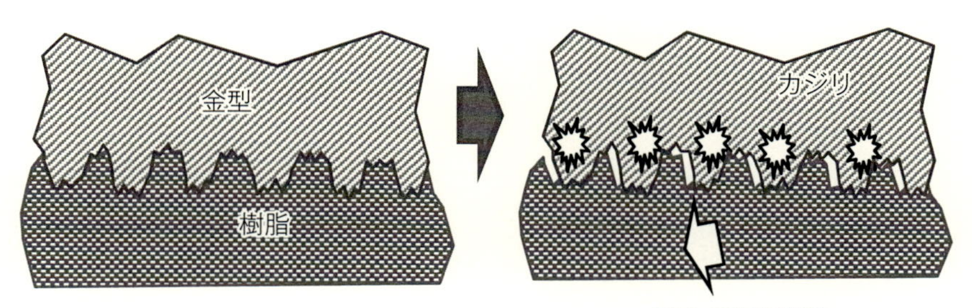

図 11.5　横方向収縮によるずれ

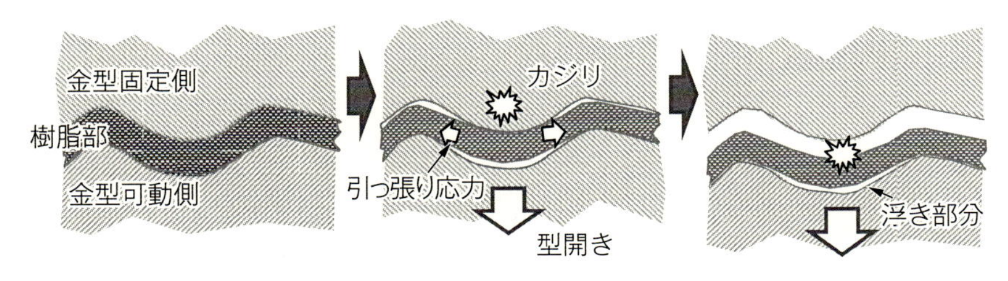

Point!!

上図のような曲面がある製品では、金型内では固定されているので、収縮量が内部応力として残っている。金型を開くときに、この応力により製品を可動側から浮かせ、固定側と干渉することで、シボカジリが発生する。可動側から浮いた部分は成形品表面をたたいて音で確かめることができる。

図 11.6　製品形状によるずれ

のことについては、別途肉厚（ND）方向への収縮問題があるので、次の項で再度考えてみよう。

11.2.2　肉厚方向収縮違いによるカジリ

シボは成形品表面に凹凸がある加飾である。凹凸の形状が収縮したときにアンダーカットを有していると当然カジリが発生する。金型が開くときも成形品シボ部が金型に干渉することなく開くことができるまで収縮していればカジリにはならない。**図 11.7** に拡大図で示すような場合、シボ部は可動側に収縮しなければ、金型が開くときに干渉することになる。ここでは、シボ角とシボ深さ（高さ）、型開き方向の抜き角、そして肉厚（ND）方向の収縮量が関係することが理解できるであろう。この計算は、成形品が可動側に収縮する前提であれば、幾何学的に容易に計算できる。しかし、大きな問題は、①肉厚方向の収縮率データが非常に少ない②成形品が可動側に収縮する保証がない、ことにある。

肉厚方向の収縮率の問題に関しては、MD、TD に比較して数倍大きい文献もいくつかあるが、文献やデータ自体が非常に少ない。現時点ではこれまでの経験に頼るしかないであろうが、今後の理論的な解析が望まれるところ

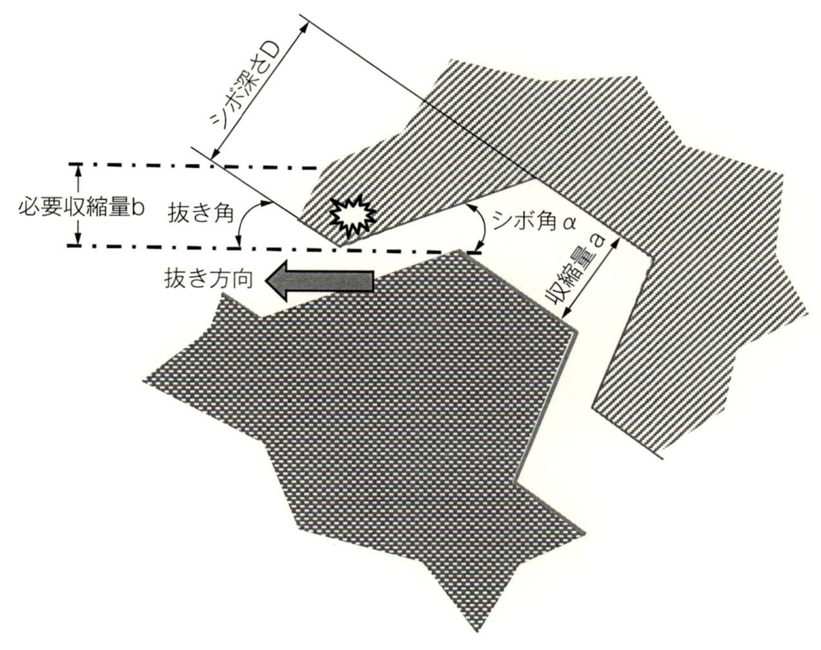

Point!!

金型が開くとき、シボが金型と干渉しないための必要収縮量bは、シボ深さ方向（肉厚方向）の収縮量とシボ形状（深さ、シボ角）および抜き角から幾何学的に計算ができる。しかし、成形品は必ず可動側方向に収縮して、可動側に密着している前提である。

図 11.7　かじらないシボ形状の条件

だ。成形品が金型内にあるときには、MD、TD 方向にはリブやボスなどで通常拘束されているので、肉厚（ND）方向の収縮量が MD、TD 方向に対して数倍大きくなることも考えられる。収縮方向については、第 4 章で説明したが、表裏両面の接着力にも関係してくる。シボを付ける前とシボを付けた後では、表裏どちらに強く接着して収縮しようとするかでも変わってくる。シボ前、シボ後で成形条件が同じでも結果に違いが出ることは、このことが原因である。強制的に可動側方向に収縮させる（引っ張り込む）試みをするのであれば、**可動側に例えば粗いサンドペーパーなどのアンダーカットとなるものを貼り付けて成形トライして状況を観察する**ことも一手段である。それが効果ある場合には、**可動側にも強めのシボを付けるなどして、強制的に成形品を可動側に貼り付けるような手段も対策案**になる（ただし、サンドペーパーの厚さ分成形品肉厚が薄くなってしまうことの考慮も必要）。

第12章
糸引き

糸引きは、一度発生し始めると、なかなか対策できず生産現場では頭を悩ます問題となる。糸引きは現場で対策すべき現場責任の問題と考えられていることが多いが、その発生原因を考えると、現場の成形条件対応と言うよりも、機械や金型の問題である。ノズル部先端形状とその部分の切れ具合の関係を考えると、糸引きの原因がわかってくる。

12.1　ノズル部温度と切れ具合

ノズル先端の穴形状は、コールドスプルーが型開き時に抜けるとき、ノズル部の一部を引きずり出していくような設計になっている。この細くなっている部分（ランド部）では、スプルー側は固化し、スクリュー側は溶融しているように、その前後で樹脂温度は急変してくれることが望ましい。樹脂によって違いはあるが、この部分が糸を引かず、うまく切れてくれる温度領域は意外と狭い。**図 12.1** には、ノズル部でのこの切れ方の違いの様子を示す。通常の温度調節は、**図 12.2** のように、熱電対でノズルのある部分の温度を検出して、その部分の温度が高くなるとヒーターを off し、低くなると on する方式である。この on-off の時間は PID（比例、積分、微分）制御などで計算され、設定の温度になるように制御される。しかし、このとき制御されよ

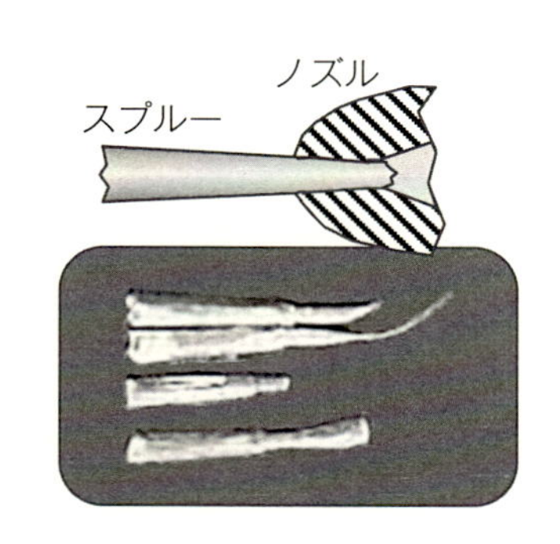

Point!!
ランド部の温度により、この部分の切れ方が違ってくる。ノズル側の形状によっても違いが発生する。

図 12.1　ノズル部の切れ方

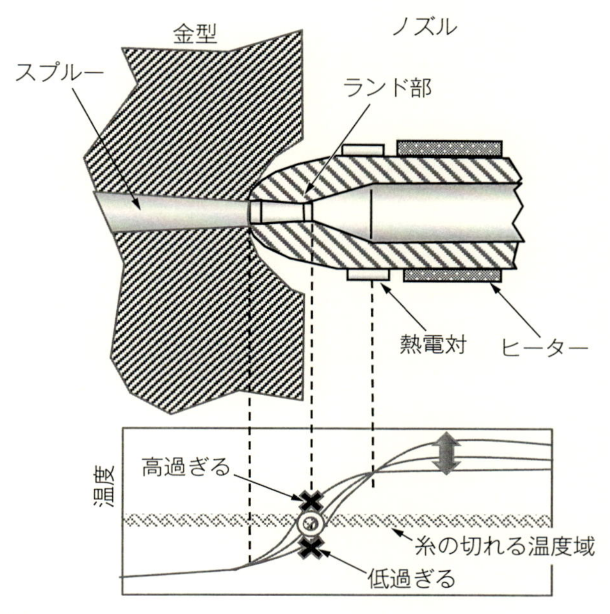

Point!!

ノズル部内の穴には、本来切断される位置と切れやすい温度がある。この位置の温度が変わると切れ方が変化する。また、熱電対位置がこの部分から遠いと制御できない。

図 12.2　ノズル部の切断場所と温度

うとするのは熱電対の位置の温度であり、ランド部の温度ではない。ランド部はノズル先端近くのため、熱電対の位置とランド部とは離れており、また熱電対とヒーターとの距離も離れている。結果、ヒーターが on になっても熱が熱電対位置まで伝わるには時間がかかるので、遠隔制御であり、ランド部の温度が制御されているわけではない。すなわち、ランド部の温度は熱電対の温度が表示するものよりも微妙に波打っていることになる。

糸を引かずに切れる温度領域は、それほど広くはないので、**熱電対位置には注意が必要**だ。さらに、射出時には溶融樹脂が通過するときのせん断発熱分内部からも加熱があり、ノズルが前後進すると、その成形サイクルに同調した温度変化も加わることになる。むしろ、on-off よりも、放熱と加熱のバランスを**ヒーター電力量の大小で調整する方が調整しやすい**ことが多いのも、この理由である。

ホットランナーノズルの糸引き対策として、ノズル先端部に縦長の金属板の仕切りを入れることがある。先端部での樹脂が金属で冷やされる面積を増やして急な温度変化を与える方法である。この応用として、**ノズル先端に、1.5 mm か 2 mm 程度の穴を開けたアルミや銅などの金属平板を挟み込んでも糸引き対策の効果**を発揮する。**図 12.3** にこの説明を示す。この場合、ノズルの本来の位置で切断するのではなく、金型に接したこの小さな穴部で切断するので、ノズル温度は高めに設定する。金型のノズルタッチ部の穴とノズル穴をぴったりと合わせることができないので、小径の穴部で切断するのである。

また、結晶性樹脂などでのオープンノズル使用の場合、ノズルを金型に接触したままのノズルタッチ成形では、ノズル先端部の熱が金型に奪われて固化し、次の成形ショットで詰まることがある。そこで、計量が完了するとサックバックをしてノズル先端樹脂圧力を下げた後、ノズル後退をして金型か

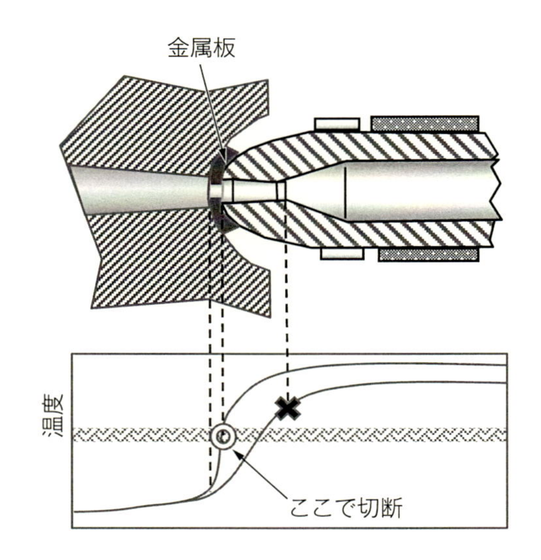

Point!!

穴を開けたアルミや銅の金属をノズル先端に挟み込み、この部分で糸を切断する。やむを得ない現場対策の例である。

図 12.3 ノズル部に金属板を入れる

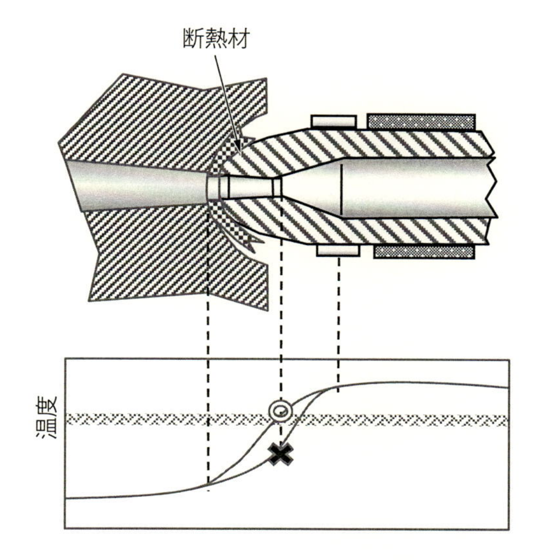

Point!!
逆に、金型との間に断熱材を挟み込み、ノズル部の温度状況を変化させる例。

図 12.4　ノズル部に断熱材を入れる

ら離すことで温度低下を防ぎ、再度、次の成形時にノズル前進させる「ノズル前後進成形」が行われる。このとき、サックバック量が少ないと鼻たれとなるし、多いと銀条問題となることは第 9 章で説明した。

このような場合、**ノズル先端と金型の間に、紙などの断熱材を挟み込んで、ノズル先端部の温度が急に下がらないような試みも効果を発揮**することがある。**図 12.4** に先ほどとの違いを説明する。紙などの場合には、ノズル先端に挟み込んで射出による樹脂で穴を開ければそのまま使用できる。

12.2　ノズル前後進タイミング

ここまでの説明で少し理解できたと思うが、ノズル先端部の温度は、金型側に逃げる熱量と、機械側ノズル部の温度の微調整にある。

ここで、ノズルと金型との間に挟んだ金属と断熱材との違いを考えてみよ

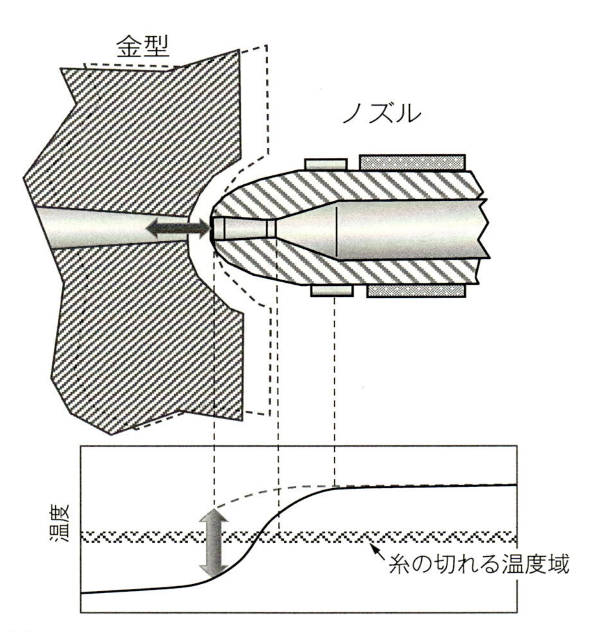

Point!!

ノズルを前後進を使う場合、ノズル先端部の温度が上下することになる。このとき、ランド部がちょうど適当な温度になるようなタイミングを探すことも一案。

図 12.5　ノズル前後進

う。空気も断熱材である。ノズルが金型に接している時間と、金型から離れている時間を調整することは、この断熱効果の度合いを調整することになる。

ノズル前後進では、**図 12.5** に示すように、そのタイミングによってノズル先端部温度が変化している（図 12.5 では、ノズルではなく金型がノズルから離れる図としている）。ノズル前後進のタイミングを調整することで、ランド部温度が糸引きしない適当な温度になることを期待する方法もある。

ノズル先端部温度が金型への接触時間が長いことで冷えすぎである場合には、温度設定を高くするか、接触時間を短くする。具体的な方法としては、オープンノズルの場合、射出保圧時間や可塑化時間を短くして、ノズル後退タイミングを早める案もある。

逆にノズル温度を高くして、接触時間を長くする方が効果があるかもしれない。重要なポイントは、ランド部の温度がノズル後退時に適度な温度になるところを探すこと。ノズル後退遅延などがある機械であれば、それを使うことも可能性を広げるであろう。ここで重要であるのは、ノズルの先端部の温度バランスなのである。

12.3 ニードルノズルの糸引き

ニードルノズルは構造的に複雑なため高価であり、また、樹脂漏れなどの保全問題、圧力損失が大きいなどの問題もあるので、通常は好まれない。しかし、オープンノズルで鼻たれ問題が起きる場合など、**図 12.6** のようなニードルタイプのノズルを使用することもある（サイクルを短縮するため型開閉中に可塑化を目的として使用することもある)。ニードルタイプを使用すれば、糸引きもなくなると思いきや、何故か糸引きも発生し悩むこともしばしばである。ニードルの閉鎖機能が悪い場合の問題はここでは論外とする。ノズル先端部の糸引き部を**図 12.7** に拡大して観察してみると、糸を引く先端部に違いが観察できるであろう。これは、本来固化して欲しかった場所が、部分的に固化していなかったことが原因である。スプルー末端のノズル側の樹脂の温度は高いが、金型が開いてスプルーと一緒に抜けなければならないので、ある程度は固化して欲しいところだ。しかし、この部分の固化層が薄いままヒケてしまうと、固化がさらに遅れ、この部分の固化遅れの樹脂が糸

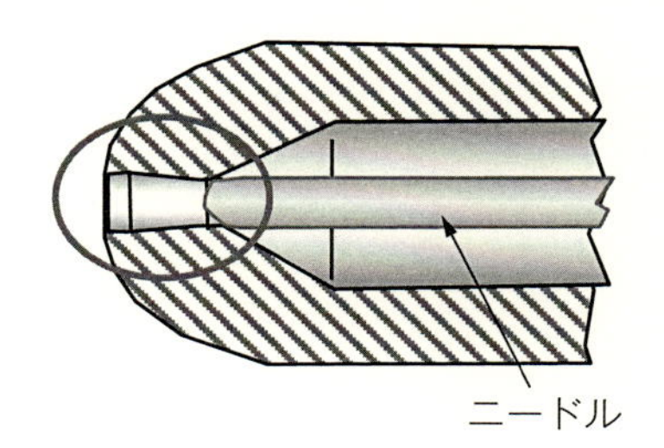

Point!!

ニードルバルブは、糸引き対策や、型開閉時可塑化用に使われる。
ノズル後退で先端温度低下も防ぐことができる。

図 12.6　ニードルバルブ

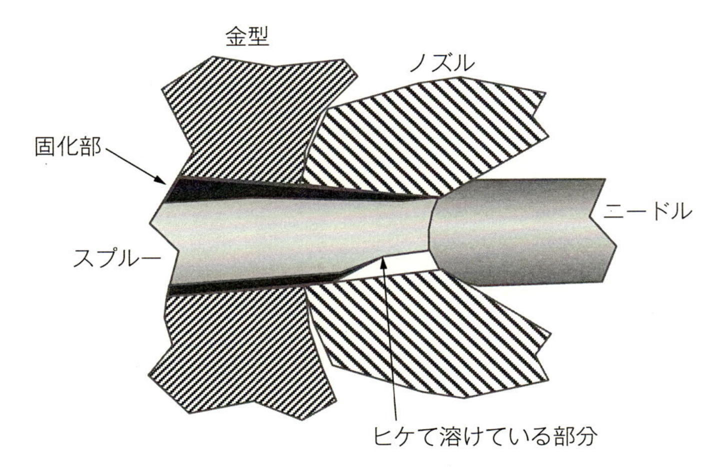

Point!!
スプルー末端のノズル側の樹脂は固化しにくい。この部分が収縮して壁面から離れると固化が遅れ、型開きのときに糸引きの原因となる。

図 12.7　ニードルバルブの糸引き

引きの原因となる。対策としては、**保圧を長めに維持**して、このヒケ部分が発生しないようにすることである。

ここでは、ニードルバルブでの説明としたが、オープンノズルの場合にも、保圧が早く終了した場合、スクリュー背圧だけではこのヒケを止めることができず、糸引きの原因となることがある。この場合にも、**保圧時間を少し長くして試す**とよい。**ランド部の温度が不適当であるのか、ヒケで冷却不足となっているのかの違いは、このランド部の状況を観察**するとわかる。

このように、糸引きが発生している部分を注意深く観察することで、原因と対策が見えてくることもある。ここでも、可能性がある程度の対策案だが、実際、糸引き問題は、ノズル部の温度制御と穴部形状に根本的な原因があり、現場の条件調整だけでの対策はなかなか困難である。

あとがき

これまで、射出成形の現場でいろいろと発生する問題について、その原因と現場でできる原因調査とその対策について説明してきた。実際の成形現場で問題が発覚しても、問題発生が予測できていれば、事前に対策案を織り込むか、現場で対策が織り込めるような構造を事前に考慮されていると対策処理も容易である。そうでなければ、金型修正やトライのやり直し、材料の再手配など多くの無駄な労力を費やすことになる。現場で金型を手作業で削ることは、溶接して加工し直すことに比較すると各段に容易である。金型も入れ子形式として、変更可能としておけば、現場で交換トライすることも可能であろう。

実際には、問題の事前予測をどれだけできるかが射出成形立ち上げの効率化に大きく寄与するのである。かと言って、問題が発生してからこのような話をしても遅すぎるので、本書では、何とか現場で対処する方法、原因を調べる方法などについて説明してきた。これまで説明してきた成形不良問題以外にも、実際の現場ではいろいろな問題が発生する。このような問題に直面したときには、この書を参考に、樹脂の流れ方や冷やされ方の観点から原因を考えることを心掛けてもらいたい。射出成形不良対策を事前に製品設計や金型設計から織り込む方法については別書『射出成形加工の不良対策』（日刊工業新聞社）を参考にして欲しい。

本書を手に取る読者は、実際の現場で問題対策をどのようにするかを求めていると思うが、これが、成形問題の根本原因を考える機会となって、将来の問題予測と生産立ち上げの効率化、短縮化に繋がるようになれば幸いである。

横田　明

主な参考文献

間違いだらけの成形技術、鳴滝朋、1994、シグマ出版
現場で役立つ射出成形の基本と仕組み、杉山昭／宮田陽一、2014、秀和システム
知りたい射出成形、日精樹脂インジェクション研究会、1986、ジャパンマシニスト社
コストダウンのための金型温度制御、浜田修、1995、シグマ出版
コストダウンのための射出成形不良の原因と対策、鳴滝朋、1999、シグマ出版
プラスチック成形加工
学の教科書、井沢省吾、2014、日刊工業新聞社
射出成形加工のツボとコツQ&A、横田明、2009、日刊工業新聞社
射出成形加工の不良対策 第2版、横田明、2012、日刊工業新聞社
射出成形大全、有方広洋、2016、日刊工業新聞社
プラスチック添加剤活用ノート、宮川源信、1996、工業調査会
射出成形機の省エネ技術・節電技術（プラスチックスエージ Sep Vol.58 p48）、上園裕正、2012、プラスチックス・エージ
超大型全電動射出成形機「J3000AD」の特徴（プラスチックスエージ Feb Vol.59 p63）、伊藤秀治、2013、プラスチックス・エージ
射出成形技能検定実技試験のポイント（プラスチック成形技術 第17巻 第6号 p9）、狭山あつし、2000、シグマ出版
特開平5-185470 射出成形用の金型
L字形状射出成形品のコーナー内反りメカニズム（成形加工 Vol.22 No.4 p207）、古橋洋／青木健朗／岡部紗也佳／荒井毅／瀬戸雅宏／山部昌、2010、プラスチック成形加工学会
ひけ生成現象と抑止技術（成形加工 Vol.20 No.10 p.707）、佐藤勲／上園裕正、2008、プラスチック成形加工学会
ウェルドライン生成現象と抑止技術（成形加工 Vol.20 No.10 p.715）山田浩二／村田泰彦、2008、プラスチック成形加工学会
反り変形現象と抑止技術（成形加工 Vol.20 No.10 p.725）、高原忠良／古橋洋／荒井毅／石畝学、2008、プラスチック成形加工学会
フローマーク生成現象と抑止技術（成形加工 Vol.20 No.10 p.737）、横井秀俊／平野幸喜、プラスチック成形加工学会
射出成形品の表面外観改良に対するレオロジーの利用（成形加工 Vol.21 No.12 p.734）、前田修一、2009、プラスチック成形加工学会
ポリプロピレン/ラバー/タルク系ブレンド射出成形品のフローマーク（日本レオロジー学会誌 Vol.35 No.5 p.293）前田修一／福永謙二／亀井衛一、2007、日本レオロジー学会
プラスチック射出成形金型のメンテナンスの勘どころ（型技術 Jan 第28巻 第1号）、青葉堯、2013、日刊工業新聞社
押出機のスケールアップ理論（成形加工 第25巻 第8号 p.376）、富山秀樹、2013、プラスチック成形加工学会

索　引

英字

MD……116
ND……118
PvT 線図……74
TD……116
V → P……13

あ行

当たり面……37
厚肉部……58
厚肉部と薄肉部の共存……61
圧力バランス……124
アニール……114
アルミフレーク……141
合わせ状況……40
位相ズレフローマーク……153
糸引き……194
異物……66
上反り……106
ウエルドライン……132
薄肉部……58
内反り……108
裏側ヒケ……84
エアトラップ……139
エアポケット……71
オープンノズル……163
応答性……18

か行

化学発泡剤……86
カジリ……186
ガストラップ……62, 63
ガス逃げ……71
ガス抜き不良……70
可塑化時間……12
型内収縮……189
金型の合わせ……37
ガラス転移点温度……75, 91
基準寸法……123
逆流防止弁……14
逆流量……16
矯正……111
矯正不足……112
許容圧縮応力……43
銀条……158
くぼみ……93
曇り……186
ゲージ圧力……9, 17
ゲートからの逆流……101
迎合角……133
結晶性樹脂……74
コールドスラグウェル……68
コールドランナー……163
公差……116
降伏圧縮応力……43
光明丹……44

固化層……61
黒条……158
固体輸送能力……168
ゴム的流動フローマーク……152

さ行

サーモカメラ……99
最大型締め力……32
最大射出圧力……10
最大樹脂圧力……10
再転写カジリ……188
サイドゲート……52, 182
サックバック……163
サブランナー……183
サポートピラー……53, 54
サンドペーパー……90
下反り……106
シボ……186
シボ面の光沢……187
シム……46
シャープエッジ……64
射出圧力……9
射出時間……21
射出速度……10, 21
射出率……11, 21
受圧板……43
収縮率……80
充填工程でのバリ……34
樹脂圧……9
ショートショット……50, 56
シルバー……158
シルバーストリーク……158
スキン層……139
スクリュー回転……12
スクリュー径……8
スクリュー速度……11
スクリューの位置……12
スクリューフライト……167
スプルーの根元……84
スライドコア……162
寸法……116
制御盤……5
繊維配向……96, 119
せん断応力……118
せん断速度……59
反り……96
ソリッドベッド……167

た行

滞留時間……161
多段保圧……124
多点ゲート……175
多変量解析……128
タルク盛り上がり……142
断熱層……88
チェックリング……14
てかり……186
同期ゆれフローマーク……151

な行

ニードルノズル……199

ニードルバルブ……199
肉盗み……91
ねじれ……102
粘度の温度依存性……36

は行

パーティング……38
配向……118
バリ……30
バルブゲート……62, 103, 174
ピアノブラック……80
ヒケ……74
ヒケの様子……35
非晶性樹脂……75
比容積……96
表面ずれフローマーク……151
ピンゲート……52
ファウンテンフロー……159
フィルター……52
負荷抵抗……24
フローモールディング……77
噴水流式……78
変形……96
ボイド……74
ボイドの核……86
ホットランナー……100

ま行

マイクロショートショット……186
ミクロのショートショット……144
溝状フローマーク……146
未溶融のペレット……67
無次元……123
ムラ……186
メタリック材料……141
メルトプール……167

や行

焼け……69
油圧……9
溶融部輸送能力……168
予備乾燥……168

ら行

ランナー部……51
リブ厚さ……79
流動解析……136
流動解析 CAE……30
流動抵抗……56
流動途中薄バリ……48
冷却配管……98

◎著者略歴

横田　明（よこた　あきら）
技術士（化学部門・高分子製品）、特級プラスチック成形技能士

慶応義塾大学工学部機械工学科卒業
国内大手機械メーカにて、射出成形機の開発、設計および、成形技術開発と共に、成形メーカーの成形指導、不良対策指導を行う。上級主任研究員。
この間、プラスチック成形加工学会技術賞、日本合成樹脂技術協会賞受賞。
関連会社 RIM 成形技術他樹脂成形開発および、射出成形工場責任者として、大幅な効率化、品質向上、コストダウンを達成。
その後、米国系大手自動車メーカーの樹脂製品部門（後に独立会社としてスピンオフ）にて、製品設計、金型開発、試作開発に携わる。設計から、金型開発、量産開始までを効率的に連携するシステムを作り直し、当時、世界で六名（アジア唯一）のシニア・テクニカルフェローとして、日本他、インド、タイ、中国、インドネシア等アジアを中心に指揮。また、カナダ、アメリカ、ヨーロッパ各国、南米等世界各地へも、効率化および品質改善を指導して回る。成形メーカーのみならず、金型メーカーも指導。

退職後は、「技能を技術へ」をモットーに、世界の射出成形を知るコンサルタントとして活動中。

主な著書：
「プラスチック成形基礎と実際」「射出成形加工の不良対策」「絵とき射出成形基礎のきそ」「トコトンやさしいプラスチック成形の本」「エクセルを使ったやさしい射出成形解析」「射出成形大全」「攻略！ 射出成形作業技能検定試験 1・2 級 学科・実技試験」他 台湾・韓国でも翻訳書出版　ペンネームとして「有方広洋」も使用

200の図とイラストで学ぶ
現場で解決！射出成形の不良対策　　NDC 578.46

2019 年 10 月 30 日　初版 1 刷発行
2024 年 6 月 21 日　初版 8 刷発行
（定価はカバーに表示してあります）

© 著　者　横田 明
発行者　井水 治博
発行所　日刊工業新聞社
〒 103-8548　東京都中央区日本橋小網町 14-1
電　話　書籍編集部　03（5644）7490
販売・管理部　03（5644）7403
ＦＡＸ　03（5644）7400
振替口座　00190-2-186076
ＵＲＬ　https://pub.nikkan.co.jp/
e-mail　info_shuppan@nikkan.tech
印刷・製本　新日本印刷（POD7）

落丁・乱丁本はお取り替えいたします。
2019 Printed in Japan
ISBN 978-4-526-08014-2

本書の無断複写は、著作権法上の例外を除き、禁じられています。